海賊対処法の研究

Studies on the Japanese Act
on Punishment of and Measures against Piracy

鶴田 順 TSURUTA Jun ［編］

［著者］

鶴田 順	石井 敦
甲斐克則	真田康弘
北川佳世子	古谷健太郎
日山恵美	瀬田 真
佐々木篤	新谷一朗
竹内真理	松本孝典
玉田 大	松吉慎一郎
石井由梨佳	奥薗淳二
下山憲二	吉田靖之
児矢野マリ	山本勝也

有信堂

海賊対処法の研究／目　次

序章　日本における国連海洋法条約等の実施 ……………… 鶴田 順
　　はじめに　1
　　第1節　日本における国連海洋法条約実施のための国内法の整備　2
　　第2節　国連海洋法条約の国内実施のための国内法整備の意義　6
　　第3節　海上保安庁法に基づく海上での執行権限の行使　11
　　第4節　海賊対処法制定の意義と今後の課題　15
　　主要参考文献・資料　22

第1章　刑法学からみた海賊対処法 ……………………………… 甲斐 克則
　　はじめに──海賊対処法成立の意義と背景　23
　　第1節　グアナバラ号事件の概要と第1審判決および第2審判決　25
　　第2節　判決の分析・検討　30
　　第3節　海賊対処法と刑法解釈論　32
　　おわりに──海賊対処法の今後の課題　41
　　主要参考文献・資料　42

第2章　刑法における国内犯と国外犯 …………………………… 北川 佳世子
　　はじめに　43
　　第1節　国内犯　43
　　第2節　刑法の域外適用（国外犯）　46
　　第3節　国内犯処罰規定で対応できる範囲　50
　　第4節　国外犯を処罰する規定形式の問題　53
　　おわりに──刑事管轄権の行使と調整　55
　　主要参考文献　57

コラム①　タジマ号事件（鶴田 順）　58

第3章　刑法における普遍主義 …………………………………… 日山 恵美
　　はじめに　59
　　第1節　刑法適用法における普遍主義の意義　59
　　第2節　日本の国外犯処罰規定に見いだされる普遍主義　60
　　第3節　日本における普遍主義に基づく国外犯処罰規定の問題点　66
　　おわりに　70
　　主要参考文献　71

第4章　海賊対処法における武器使用 …………… 佐々木 篤・鶴田 順

はじめに　72
第1節　海賊対処法6条の停船射撃の法的性格　73
第2節　海賊対処法6条の停船射撃と警職法7条1号の危害射撃の関係　75
第3節　海賊対処法6条の停船射撃と庁法20条2項の停船射撃の関係　78
おわりに　80
主要参考文献・資料　81

コラム②　海上法執行活動における「実力の行使」（鶴田 順）　82

第5章　国際法における国家管轄権行使に関する基本原則 …… 竹内 真理

はじめに　83
第1節　管轄権行使に関する国際法の規制　85
第2節　管轄権行使に対する国際的な制約　89
おわりに　95
主要参考文献　97

第6章　海賊行為に対する普遍的管轄権の行使──学説の状況 …… 玉田 大

はじめに　98
第1節　普遍的管轄権の類型　99
第2節　普遍的管轄権の根拠──旧説　103
第3節　普遍的管轄権の根拠──新説　105
おわりに　110
主要参考文献・資料　111

第7章　国際法上の海賊行為 ……………………… 石井 由梨佳

はじめに　113
第1節　海賊行為の国際法上の犯罪としての性質　114
第2節　各構成要件意義と限界　122
おわりに　125
主要参考文献・資料　126

コラム③　サンタ・マリア号事件（石井 由梨佳）　127

コラム④　アキレ・ラウロ号事件（鶴田 順）　128

第8章　米国裁判所における海賊行為の解釈 ……………… 下山 憲二

はじめに　129
第1節　米国裁判所の判決概要　130
第2節　環境保護を目的とする妨害行為の位置づけ　134

  おわりに 136
  主要参考文献・資料 137

コラム⑤ シー・シェパードによる日本の「調査捕鯨」に対する妨害行為
     （鶴田 順） 138

コラム⑥ 「南極海鯨類事件」国際司法裁判所判決
     （石井 敦・真田 康弘・児矢野マリ） 140

第9章 民間武装警備員に関する国際的な基準の機能 … 古谷 健太郎
  はじめに 143
  第1節 民間武装警備員の普及とその国際基準制定の背景 144
  第2節 IMOで採択されたPCASPに関する勧告およびガイドライン 147
  第3節 PCASPの武器使用に関する一考察——国際法の観点から 151
  おわりに——民間海上警備会社に関するガイドラインの機能 154
  主要参考文献 157

コラム⑦ 海賊多発海域における日本船舶の警備に関する特別措置法
     （古谷 健太郎） 158

コラム⑧ エンリカ・レクシー号事件（瀬田 真） 159

第10章 アジア海賊対策地域協力協定における海賊問題への取組み … 新谷 一朗
  はじめに 161
  第1節 ReCAAPの背景 162
  第2節 ReCAAPの特色 163
  第3節 諸外国の文献に現れたReCAAPの評価 167
  第4節 ジブチ行動指針 170
  おわりに 172
  主要参考文献・資料 173

コラム⑨ ReCAAP情報共有センターの活動（松本 孝典） 174

コラム⑩ オーキム・ハーモニー号事件（鶴田 順・松吉 慎一郎） 175

第11章 海上保安庁—海上自衛隊関係の変化と海賊対処法 … 奥薗 淳二
  はじめに 177
  第1節 軍事的組織と警察組織との関係性に関する先行研究 178
  第2節 海上保安庁と自衛隊との制度比較 180
  第3節 海上保安庁と海上自衛隊との協働 183
  おわりに 188
  主要参考文献・資料 191

コラム⑪　国際機関等による海賊対処（吉田 靖之）　192

コラム⑫　中国による海賊対処活動（山本 勝也）　194

資料①　海賊行為関連条文（国連海洋法条約、海賊対処法、海上保安庁法、警職法）　195

資料②　グアナバラ号事件──事件と判決の概要（鶴田 順・石井 由梨佳）　199

おわりに（鶴田 順）　203

序章　日本における国連海洋法条約の実施

鶴田　順

はじめに

　2007年4月20日、参議院本会議において海洋基本法案が賛成多数で可決され、成立した。「海洋基本法」は、海洋政策を日本政府が各省庁の枠を超えて総合的に推進するために、総合海洋政策本部を内閣に設置し、海洋の開発・利用・保全を一体的に推進すること等を目的に、同年4月27日に法律33号として公布され、同年7月20日に施行された。2008年3月18日には「海洋基本計画」が閣議決定された。さらに、2013年4月26日には、同計画策定後の5年間の海洋をめぐる情勢の変化等を踏まえた新たな海洋基本計画が閣議決定された。

　海洋基本法案には、海洋基本法の施行にあたり政府が配慮すべき事項について、衆議院国土交通委員会で可決される際には委員会決議が、参議院国土交通委員会で可決される際には附帯決議が付された。これら2つの決議はほぼ同じ内容であり、ともに、海洋基本法の施行にあたっては、日本における「海洋法に関する国際連合条約」（1982年4月30日採択、1994年11月16日発効、日本については1996年7月20日発効）（以下「国連海洋法条約」とする）の実施のための「国内法の整備がいまだ十分でない」（両決議）ことを考慮し、「海洋に関する我が国の利益を確保し、及び海洋に関する国際的な義務を履行するため」（両決議）、国連海洋法条約「その他の国際約束に規定する諸制度に関する我が国の国内法制を早急に整備すること」（両決議）について、「適切な措置を講じる」（参議院国土交通委員会附帯決議）べきであるとしている。

　本書『海賊対処法の研究』で国際法および国内法の観点からさまざまな検討

を行う「海賊行為の処罰及び海賊行為への対処に関する法律」（平成21〔2009〕年法律55号）（以下「海賊対処法」とする）は、国連海洋法条約101条に示された国際法上の海賊行為（**第7章石井論文参照**）を日本の国内法においても犯罪とし、いかなる行為がいかなる要件をそなえたときに日本の国内法上の犯罪となり、それに対していかなる刑罰を科しうるかを明らかにし（**第1章甲斐論文参照**）、国連海洋法条約105条で許容された普遍的管轄権の行使として、海賊行為の実行者の国籍を問わず処罰することを可能とするとともに（**第2章北川論文、第3章日山論文、第5章竹内論文および第6章玉田論文参照**）、護衛の対象船舶をすべての国の船舶に広げることで国際的な協力を可能とすることを目的とする法律である。国連海洋法条約の海賊行為関連規定に対応した日本の国内法は、海賊対処法が2009年6月に成立するまでは、まさに「整備がいまだ十分でない」という状況にあった[1]。

　本章は、次章からの海賊対処法に関するさまざまな観点からの検討に先立ち、日本における国連海洋法条約の実施のための国内法の整備の現状と課題について、海上における執行権限の行使との関連で把握することを目的として検討・整理を行う。まず、日本における国連海洋法条約の実施のための国内法の整備の現状を把握したうえで（**第1節**）、日本における国連海洋法条約の実施のための国内法整備の意義を一般的に検討・整理し（**第2節**）、当該国内法整備が日本による海上での執行権限の行使にとっていかなる意義を有しているかを明らかにする（**第3節**）。そして、日本における海賊対処法の制定の意義と今後の課題を明らかにする（**第4節**）。

第1節　日本における国連海洋法条約の実施のための国内法の整備

　日本が1996年に国連海洋法条約を批准する際に行った代表的な国内法の整備（国連海洋法条約の規定を踏まえて制定・改正された個別の法律の整備）としては、「領海及び接続水域に関する法律」（昭和52〔1977〕年法律30号）（以下「領海法」

---

(1) Cf. 中谷 2009, pp.64-65; TSURUTA 2012, pp.237-245.

序章　日本における国連海洋法条約の実施　3

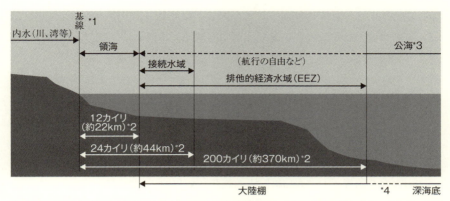

*1 通常の基線は、沿岸国が公認する大縮尺海図に記載されている海岸の低潮線とされ、その他一定の条件を満たす場合に直線基線、湾の閉鎖線および河口の直線などを用いることが認められている。
*2 領海、接続水域およびEEZの範囲は、図中に示された幅を超えない範囲で沿岸国が決定する。
*3 国連海洋法条約第7部（公海）の規定はすべて、実線部分に適用される。また、航行の自由をはじめとする一定の事項については、点線部分に適用される。
*4 大陸棚の範囲は基線から原則として200カイリまでであるが、大陸縁辺部の外縁が領海基線から200カイリを越えて延びている場合には、延長することができる。ただし、基線から350カイリあるいは2500メートル等深線から100カイリを超えてはならない。基線から200カイリを超える大陸棚は、国連海洋法条約に基づき設置されている「大陸棚の限界に関する委員会」の行う勧告に基づき設定する。深海底は、大陸棚の外の海底およびその下である。

図　各種海域の概念図（外務省ホームページ上の情報「国連海洋法条約と日本」より）

とする）の改正（以下、改正された領海法を「新領海法」とする）と「排他的経済水域及び大陸棚に関する法律」（平成8〔1996〕年法律74号）（以下「EEZ法」とする）の制定があげられる。これら2つの法律は、国連海洋法条約による海域の区分に対応して、領海、接続水域、排他的経済水域（以下「EEZ」とする）と大陸棚の各海域を設定し、各海域における国内法の適用について規定している。その結果、日本国内および周辺の海域は、内水（基線の内側の海域）、領海（基線から12カイリまでの範囲で設定された海域）、接続水域（基線から24カイリまでの範囲で設定された海域〔領海を除く〕）、EEZ（基線から200カイリまでの範囲で設定された海域〔領海を除く〕ならびにその海底およびその下）および大陸棚（基線から200カイリまでの範囲で設定された海底〔領海の海底を除く〕等）で構成されることとなった（図　各種海域の概念図参照）。

新領海法とEEZ法の基本的な性格は、改正前の領海法と同様に、各海域の

幅員法ともいうべきものである。たとえば、領海の定義や法的地位、領海における無害通航と「無害でない通航」の判断基準、領海の沿岸国としての日本による「保護権」の行使、EEZの沿岸国としての日本によるEEZにおける漁業取締り権限の行使についての規定を欠いている。新領海法とEEZ法は、内水、領海とEEZの各海域における行政機関による権限行使の根拠法という性格は薄い[2]。新領海法とEEZ法は、基本的には、別途、漁業資源の保存・管理、海洋環境の保護・保全、船舶の航行安全の確保、出入国の管理、関税の賦課・徴収、海洋の科学的調査の規制等の分野ごとに個別の法律が整備され、当該個別法の存在を前提として、「海上保安庁法」（昭和23〔1948〕年法律28号）における「法令の海上における励行」、「海上における犯罪の予防及び鎮圧」あるいは「海上における犯人の捜査及び逮捕」という組織法・作用法上の規定を根拠に、執行権限の行使がなされることを予定するものとなっている（**本章第3節**で説明する）[3]。

　日本が1996年の国連海洋法条約を批准する際に行われたこのような個別の法律の整備として、漁業資源の保存・管理について、「排他的経済水域における漁業等に関する主権的権利の行使等に関する法律」（平成8〔1996〕年法律76号）（以下「EEZ漁業法」とする）と「海洋生物資源の保存及び管理に関する法律」（平成8〔1996〕年法律77号）が制定された。前者は、EEZ法によって日本の周辺海域にEEZが設定され、同海域における天然資源（生物資源を含む）に関する主権的権利を有することになったことを受けて、EEZにおける外国人の漁業活動等を規制するために制定された法律であり、後者は、海洋生物資源を漁獲可能量に基づき管理するための法律である。

　また、海洋環境の保護・保全については、「海洋汚染等及び海上災害の防止に関する法律」（昭和45〔1970〕年法律136号）が改正され、国連海洋法条約230条が海洋環境保護のために制定された国内法令の外国籍船舶による違反行為については原則として「金銭罰のみを科することができる」と規定したことをうけて、当該違反行為についての懲役刑および禁固刑が廃止され、罰金額が引き

---

(2) Cf. 谷内 1991, p.121; 兼原 2002, p.62.
(3) Cf. 橋本 2000, pp.674-675.

上げられ、担保金等の提供による早期釈放制度（ボンド制度）が採用された。

さらに、海上での執行権限の行使の発動要件等の明確化を図り、犯罪の予防等の措置をより機動的かつ適切に行うことができるように、海上保安庁法が改正された（平成8〔1996〕年法律75号）。

日本が国連海洋法条約の批准後に行った海洋関係の個別の法律の整備としては、2007年4月に海洋基本法とあわせて成立した「海洋構築物等に係る安全水域の設定等に関する法律」（平成19〔2007〕年法律34号）、2008年6月に成立した「領海等における外国船舶の航行に関する法律」（平成20〔2008〕年法律64号）（以下「外国船舶航行法」とする）、2009年6月に成立した海賊対処法、2013年11月に海賊多発海域を航行する日本籍船舶において小銃を用いた警備の実施を認めるために成立した「海賊多発海域における日本船舶の警備に関する特別措置法」（平成25〔2013〕年法律75号）（**コラム⑦海賊多発海域における日本船舶の警備に関する特別措置法**参照）等がある。

外国船舶航行法は、日本の領海における外国籍船舶による「無害でない通航」を規制するために、国連海洋法条約19条に規定された「無害」性ではなく、国連海洋法条約18条2項に規定された「通航」性に着目して規制することで、日本の領海等における外国籍船舶の航行の秩序を維持すること等を目的として制定された。外国船舶航行法は、国連海洋法条約18条2項が「通航は、継続的かつ迅速に行わなければならない」と規定していることを根拠に、3条で「領海等における外国船舶の航行は、……継続的かつ迅速に行われるものでなければならない」と規定し、航行のあり方を一般的に義務づけたうえで、4条1項において、具体的に、外国船舶の船長等は、領海等において、荒天、海難その他の危難を避ける場合等のやむをえない理由がある場合を除き、停留、びょう泊、係留、はいかい等（以下これらをまとめて「停留等」とする）を伴う航行をさせてはならないと規定している。2012年には、近年、日本の領海等で領有権主張活動を行う外国籍船舶や遠方離島への不法上陸を企図して領海等を航行する外国籍船舶が増加していることを受けて、その一部を改正する法律（平成24〔2012〕年法律71号）が成立した。

なお、国際連合安全保障理事会決議の国内実施のための国内法整備として、2010年6月に「国際連合安全保障理事会決議第千八百七十四号等を踏まえ我

が国が実施する貨物検査等に関する特別措置法」（平成22〔2010〕年法律43号）
も成立した。

　海洋基本法の成立以降、広い意味での「海の安全」についての国内法の整備
が進められているといえる。

第2節　国連海洋法条約の国内実施のための国内法整備の意義

　国連海洋法条約で締約国に認められた権利や義務の国内的な実施のために、
締約国が管轄下にいる私人の特定の行為を規制するために何らかの個別の法律
の整備を行っていれば、締約国の行政機関は警察権限を行使することができる。
当該個別法の遵守を確認するために、質問や立入検査といった行政的な警察権
限を行使することができ、当該国内法に違反する行為がなされた場合には、侵
害された法益を回復するために、捜査、逮捕、押収、引致、送致、訴追といっ
た司法的な警察権限を行使することができる。

　たとえば、日本の領海で外国人が漁業を行っているという場合には、日本の
領海等における外国人の漁業等を原則として禁止する「外国人漁業の規制に関
する法律」（昭和42〔1967〕年法律60号）に基づいて対応することができる。ま
た、日本の領海で外国籍船舶が日本政府に対して事前通報なく停留等を行って
いるという場合には、前述の通り、外国船舶航行法に基づいて対応することが
できる。

　条約上の権利や義務を国内的に実施するための法律は、日本の国際法実務に
おいて「担保法」とよばれる。担保法の整備のあり方には、①既存法で対応、
②条約上の権利や義務の実施には不十分あるいは矛盾するような既存法の改正
や廃止、③新規立法がある。①の場合は既存法に事後的に担保法としての性格
が付与されることになる。日本の国際法実務は、条約の締約に際し、担保法が
完全に整備されていることを確保するよう努めているという（「完全担保主義」
の採用）[4]。二国間条約でも多数国間条約でも、条約交渉で条文を確定させる
ときまでには、日本における条約の実施のために、新規立法が必要か、それと

---

(4)　Cf. 松田 2011, p.313.

も既存法で可能かなど、当該条約の国内法整備のあり方について関係省庁間で見解の一致に至っていることが一般的であるという[5]。条約交渉がまとまり、当該条約が採択され、日本も当該条約の締約国となるという方針決定が政府内でなされると、内閣法制局の審査に入ることになるが、当該審査には条約（およびその和文）だけでなく担保法案も付される。既存法の改正が必要な場合にはその改正案、また新規立法が必要な場合にはその法律案が、条約と同時に審査に付されることになる。審査を通じて、条約の和文、条約の解釈、担保法案の文言が整えられていく。内閣法制局の審査が終了すると、国会承認条約については、憲法73条3号に基づき、（条約それ自体ではなく）条約の締結、すなわち、条約の締約国となり「条約に拘束されることについての同意」（条約法条約11条など）について国会に承認を求めることになるが、これとあわせて担保法案も国会に提出され成立を期すことになる。条約の締結について国会の承認が得られると、条約締結に係る意思決定が政府内で閣議決定を通じて行われる。

では、国連海洋法条約で締約国に認められた個々の権利や課せられた個々の義務に対応した個別の法律（「担保法」）が整備されていない場合についてはどうか。国連海洋法条約の規定には、担保法の整備を経ることなく、行政機関による権限行使の根拠（行為規範）や司法機関による判断の根拠（裁判規範）となっている規定もある。

たとえば、日本の国内法には、日本が追跡権という国際法上の権利を有することを前提とする規定（新領海法3条と5条、EEZ法3条）や、追跡権の行使に関連する詳細な規定は存在するが（「排他的経済水域における漁業等に関する主権的権利の行使等に関する法律施行規則」〔平成8（1996）年政令212号〕14条)、日本が追跡権という国際法上の権利を有すること自体を規定する国内法は存在しない。このことは、国連海洋法条約111条や「公海に関する条約」(1958年4月29日採択、1962年9月30日発効、日本は1968年7月30日加入）23条が、追跡権の発生、追跡権の行使主体、追跡開始地点、追跡権の消滅等について詳細に規定しており、また、一般論として、日本のように、憲法で条約を国内法制に編入している場合には（いわゆる「編入（incorporation）方式」の採用)、日本が締結した条約は国

---

[5] Cf. 松田 2011, p.324.

内法体系においてそのまま国内法としての効力を有し（後述する）、日本の国内法体系に位置づけられた条約規定を権限行使の直接の根拠とすることができるため、その内容をあらためて法律に書き移す必要はないと判断されたためであると考えられる。たとえば、日本政府が日本の領海やEEZで漁業規制関係法違反を行った外国籍船舶の船長等を現行犯逮捕するために公海上まで追跡する国内法上の根拠は刑事訴訟法212条および213条（現行犯等の規定）である（上記①の担保法整備）、当該外国籍船舶が逃走を続けて第三国の領海に進入した場合、国連海洋法条約111条3項に基づき追跡権が消滅したことをうけてそれ以上の追跡を行わないという対応をとることとなる根拠となる法律は存在しない。

また、海上保安庁法20条2項は、同条項に基づく武器の使用の対象船舶を同定するにあたっての1つの要件として、「海洋法に関する国際連合条約19条に定めるところによる無害通航でない航行」と規定している（海上法執行活動の実効性担保としての武器の使用については**第4章佐々木・鶴田論文参照**）。海上保安庁法20条2項のもとでは、領海における「無害でない通航」にあたることとなる国連海洋法条約19条2項に列挙された活動を規制する個別の法律の解釈・適用を通じてではなく、日本の国内法体系に位置づけられた国連海洋法条約の解釈・適用を通じて、対象船舶を同定していくこととなる。

司法管轄権の行使については、国連海洋法条約97条1項が、公海上の船舶により衝突その他の航行上の事故が生じた場合の司法管轄権は旗国または船長等の国籍国にのみ認められると規定していることがあげられる。たとえば、公海上で日本籍船舶が外国籍船舶と衝突し、日本籍船舶が沈没して日本人乗組員が死亡したような事案において、「刑法」（明治40〔1907〕年4月24日法律45号）の解釈として、犯罪の結果が日本籍船舶内で発生し、外国籍船舶の船長等の操船上の過失について業務上過失致死罪を認めることができる場合であっても、国際法（国連海洋条約97条）上は、当該船長が日本国民でないかぎり、当該船長が衝突事案発生後に日本の領域内に入ってきたとしても、日本は当該船長に対する司法管轄権を有さない。このような国際法上の司法管轄権の欠如は日本国憲法98条2項（後述する）により司法機関を拘束するため、かりに、司法管轄権を欠いているにもかかわらず捜査が進められ公訴が提起されたとしても、刑事訴訟法338条1号により判決で公訴が棄却されることとなる[6]。

たしかに、条約を国内的に実施するための国内措置について、日本では、日本国憲法は、(実質的意味の)条約の締結に国会の承認が必要であるとする立場をとり(日本国憲法73条3号)、国会で締結を承認され、締約国となり拘束されることについての意思決定が閣議決定された条約については、内閣の助言と承認により天皇が公布することとし(同7条1号)、さらに、最高法規について規定する章で、「日本国が締結した条約及び確立された国際法規は、これを誠実に遵守することを必要とする」と規定し(同98条2項)、条約および確立された国際法規の遵守義務をうたっているため、条約その他の国際約束は公布によってただちに国内法体系に受容され、特段の措置をとることなく国内法としての効力を有するものとなる(いわゆる「編入(incorporation)方式」の採用)[7]。そのため、かりに条約上の権利や義務を国内的に実施するための法律(いわゆる「担保法」)の整備がなされなくても、公布された条約は国内法体系においてそのまま国内法としての効力を有する。換言すると、日本は編入方式を採用しているため、「変形(transformation)方式」、すなわち、条約その他の国際約束は締結しただけでは国内法体系における国内法としての効力を有さず、国内法としての効力を有するためには、当該条約その他の国際約束の内容を踏まえた法律の制定が必要であるとする立場を採用している国のように、条約その他の国際約束の内容を書き移すような法律を整備する必要はない[8]。

　実際に、日本の法律で、「条約に別段の定めがあるときは」と規定することで、国内法体系における条約と法律をならべて適用していることがある。たとえば、「鉱業法」(昭和25〔1950〕年法律289号)17条、「逃亡犯罪人引渡法」(昭和28〔1953〕年法律68号)2条、「国際捜査共助等に関する法律」(昭和55〔1980〕年法律69号)2条、「著作権法」(昭和45〔1970〕年法律48号)5条、「特許法」(昭和34〔1959〕年4月13日法律121号)26条、「電波法」(昭和25〔1950〕年法律131

---

(6) Cf. 大野 1984, p.8.
(7) Cf. 高野 1960, pp.153-166; 岩沢 1985, pp.28-30; 芦部 1992, pp.89-92; 山本 1994, pp.102-105, また、この点に関する日本政府の見解としては、林修三内閣法制局長官(当時)による国会答弁(『第34回国会衆議院日米安全保障等特別委員会議録第16号(昭和35〔1970〕年4月11日)』, p.14.) 等がある。
(8) なお、編入方式を採用しているのは、日本、韓国、フランス、ベルギー、オランダ、スペイン、ポルトガル、スイスやロシア等の国々である。また、変形方式を採用しているのは、英国、オーストラリア、カナダ、ニュージーランド等の国々である。

号）3条等である。

　そのため、条約を国内的に実施するための個別の法律の整備は、行政機関や司法機関が条約の規定を直接に適用・執行できないあるいはそれが困難なときに（条約は締約国間相互の権利義務関係や締約国が対外的に有する権利義務について規定することが多く、締約国にいる私人の権利義務を直接に規定するものは少ない）、行政機関や司法機関による当該条約の規定内容の国内的な実現を確保するための手段であるか、あるいは、条約の規定を直接に適用・執行できるときであっても、行政機関や司法機関による当該条約の国内実施を補強するための便宜的な手段であるのか（この場合は条約と法律が同一事項について重ねて規定していることになる(9)）、いずれかの意味を有するものといえる。

　条約を国内的に実施するための個別の法律の整備は、いくつかの点できわめて重要な手段である(10)。

　まず、日本国憲法は31条で罪刑法定主義を一般的に保障していることから、国民の代表者で構成される国会における議決によって成立した形式的意味での法律の規定なくして、いかなる行為も犯罪とされることはなく、またこれに対していかなる刑罰が科されることもない。罪刑法定主義における「法定」には、条約による規律は含まれない(11)。また、罪刑法定主義は、いかなる行為がいかなる要件をそなえたときに犯罪となり、それに対していかなる刑罰を科しうるかをあらかじめ国家の管轄下にいる私人に示すことによって、当該私人の予測可能性と行動の自由を保障することを要請するものであることから、刑罰法規は当該予測可能性を担保する程度の法文の明確性を有する必要がある。このことを踏まえて、条約規定は一般的・抽象的であるため、罪刑法定主義から派生する「明確性の原則」を満たさないという説明がなされることもある(12)。

　さらに、行政法には、憲法における「法治主義」の帰結として「法律による行政の原理」があり、この原理の具体的内容（の1つ）として、行政活動は「法律の留保の原則」、すなわち、行政機関が権限を行使するに際して法律の根

---

　(9)　Cf. 高野 1960, pp.157-158.
　(10)　Cf. 小森 1998, pp.554-555.
　(11)　Cf. 田畑 1982, p.52（註1）; 成田 1990, p.87; 内野 2004, p.438.
　(12)　Cf. 浅田 2001, pp.12-19.

拠・授権を必要とするという原則の拘束を受ける。その適用範囲については、侵害留保説、社会留保説、全部留保説等の学説上の対立があるが、これらの説のうち、法律の留保の範囲を最も狭く解する古典的侵害留保説によるとしても、行政機関が私人の自由や財産を侵害し、私人に新たな義務や負担を課す場合には、形式的意味での法律の根拠が必要となる[13]。また、法律の留保の原則の目的の1つが行政活動について国民に予測可能性を与えることにある以上、行政活動の根拠規範は、そのような目的を達成するのに必要な程度の詳細さ（規律密度）を有する規範である必要がある。

　したがって、日本における国連海洋法条約の実施にあたって、行政機関が公権力を用いて管轄下にいる私人に対して命令・強制するような場合には、法律を整備することが必要となる[14]。国連海洋法条約の国内実施のための個別の法律の整備がなされていない場合には、捜査、逮捕、押収、引致、送致、訴追といった司法的な警察権限を行使することはできず、国連海洋法条約が許容する範囲で、また、海上での執行管轄権の行使の根拠法の1つである海上保安庁法が許容する範囲で（**次節**で説明する）、基本的に相手方の任意による行政的な措置を講じることができるにとどまることになる。

第3節　海上保安庁法に基づく海上での執行権限の行使

　本節では、国連海洋法条約の国内実施のための法律の整備がなされている場合とそのような国内法整備がなされていない場合では、海上での執行権限の行使の可否やそのあり方にいかなる違いが生じてくるかについて、海上での執行権限の行使の根拠法の1つである海上保安庁法に則してみていきたい。

　海上保安庁法（以下「庁法」とする）は、行政法理論にいう組織法と作用法の双方の性格を有しており[15]、1条で「設置目的」について、2条で「任務」に

---

(13)　Cf. 成田 1990, p.87.
(14)　他方で、「海底電信線保護万国連合条約罰則」（大正5〔1916〕年法律20号）3条は、「海底電信線保護万国連合条約第五条第一項乃至第三項又ハ第六条ノ規定ニ違反シタル者ハ一万円以下ノ罰金ニ処ス」と規定することで、国内法体系における条約（海底電信線保護万国連合条約）の規定を管轄下にいる私人に対して強制できることを前提に、その規定に違反する行為を処罰の対象としている。

ついて、5条で「所掌事務」について規定している。

　庁法2条1項は、海上保安庁の「任務」について、次のように規定する。「海上保安庁は、法令の海上における励行、海難救助、海洋汚染等の防止、海上における船舶の航行の秩序の維持、海上における犯罪の予防及び鎮圧、海上における犯人の捜査及び逮捕、海上における船舶交通に関する規制、水路、航路標識に関する事務その他海上の安全の確保に関する事務並びにこれらに附帯する事項に関する事務を行うことにより、海上の安全及び治安の確保を図ることを任務とする。」

　庁法2条1項のうち、海上保安庁が行政的な警察権限を行使する根拠となる規定は「法令の海上における励行」である。ここでの「法令」は、ひろく日本の国内法令を意味し（ただし、日本の国内法体系に位置づけられた条約その他の国際約束は含まれない）[16]、具体的な権限行使としては、関係者に法令を説明し、法令違反が生じている場合には、その事実を指摘し、それを是正するために必要な指示を与えることである。「法令の海上における励行」は、5条で海上保安官の所掌事務としても規定され、海上保安官に法令の執行を包括的に授権した規定であると解することができる。このような規定ぶりは、庁法が米国の沿岸警備隊を範として制定され、沿岸警備隊の法執行の仕組みを導入したことに由来するという[17]。

　なお、「法令の海上における励行」を海上保安官が行う際には、庁法15条によって、当該海上保安官は、その権限については、「各々の法令の施行に関する事務を所管する行政官庁の当該官吏とみなされ、当該法令の励行に関する事務に関し行政官庁の制定する規則の適用を受ける」ことになる。この15条により、海上保安官は、当該行政官庁の当該執行官吏として位置づけられ、海洋関係のさまざまな分野の法令の励行に関する一般的・包括的な執行権限を付与されていることになる[18]。

　また、庁法2条1項の「海上における犯罪の予防及び鎮圧」は、犯罪の発生

---

(15)　Cf. 橋本 2000, p.689.
(16)　Cf. 村上 1996, p.64.
(17)　Cf. 村上 1996, pp.74-75; 櫻井 2004, p.43.
(18)　Cf. 橋本 2000, p.689.

を未然に防止し、また、犯罪が発生した場合には、その害悪の及ぶところを最小限に止め、その拡大の防止を図る、行政的な警察権限の行使にあたる。

さらに、庁法2条1項の「海上における犯人の捜査及び逮捕」は、犯罪の捜査や犯人の逮捕といった典型的な司法的な警察権限の行使にあたり、これらの権限行使は刑事訴訟法によって規律される。庁法31条1項は、「海上保安官及び海上保安官補は、海上における犯罪について、海上保安庁長官の定めるところにより、刑事訴訟法……の規定による司法警察職員として職務を行う。」と規定する。海上保安官が権限行使の対象とする「海上における犯罪」は、「海上」という限定は付されているものの、「犯罪」の内容には限定はない。このことは、警察官が司法警察職員として職務を行うにあたって、その対象となる犯罪に限定がないのと同様であり、同じ司法警察職員であっても、漁業取締官が「漁業に関する罪」(「漁業法」〔昭和24 (1949) 年法律267号〕74条5項)、麻薬取締官が「この法律、大麻取締法、あへん法、覚せい剤取締法……若しくは国際的な協力の下に規制薬物に係る不正行為を助長する行為等の防止を図るための麻薬及び向精神薬取締法等の特例等に関する法律……に違反する罪」(「麻薬及び向精神薬取締法」〔昭和28 (1953) 年法律14号〕54条5項)というように、特定の犯罪について司法的な警察権限を行使するのとは異なっている[19]。

したがって、国連海洋法条約を実施するために個別の法律が整備されているという場合には、当該国内法整備は、海上での執行権限の行使を、庁法2条1項の「法令の海上における励行」、「海上における犯罪の予防及び鎮圧」あるいは「海上における犯人の捜査及び逮捕」という組織法・作用法上の明確な根拠を有するかたちで可能ならしめるという意義を有するものとなる[20]。

では、国連海洋法条約を踏まえた個別の法律が整備されていない場合における、海上での執行権限の行使の可否やそのあり方については、どのように考えたらよいか。

近年、外国政府の漁業監視船や海洋調査船が日本の領海内に進入する事案や、外国政府の海洋調査船が日本のEEZにおいて事前申請なく海洋の科学的調査

---

(19) Cf. 村上 1996, p.74.
(20) Cf. 橋本 2000, p.688.

(Marine Scientific Research; 以下「MSR」とする）を行う、あるいは事前申請と異なる海域や方法でMSRを行うという事案が頻発している。このような外国政府の非商業目的のために運航する政府公用船舶に対して領海外への退去要請やEEZにおけるMSRの中止要請を行うという場合、こうした執行権限の行使は、庁法2条1項の「法令の海上における励行」、「海上における犯罪の予防及び鎮圧」あるいは「海上における犯人の捜査及び逮捕」という規定を根拠にすることはできなかった。なぜなら、国際法上、外国政府の公用船舶は免除を享受し、また、日本の国内法ではEEZにおけるMSRを直接に規制する法律は未整備で[21]、そもそも、船舶を適用対象とする法律の多くは「船舶」の定義で「軍艦及び各国政府が所有し又は運航する船舶を除く」（海賊対処法2条）等と規定して、外国政府の軍艦および公用船舶を適用対象から除外しているからである。

　2012年8月の庁法の一部改正で庁法2条の任務規定および5条の所掌事務規定に追加された「海上における船舶の航行の秩序の維持」という規定は、外国政府の公用船舶に対して日本の領海外への退去要請や日本のEEZにおいて事前通報なく行われている調査活動の中止要請を行う等の執行権限の行使についての組織法・作用法上の根拠の明確化を図ったものである。換言すると、外国政府の公用船舶の活動を、国連海洋法条約等の条約その他の国際約束を踏まえて制定・改正された個別の法律ではなく、日本の国内法体系に位置づけられた国連海洋法条約等の条約その他の国際約束に基づいて法的評価を行い、当該評価に対応した執行権限の行使が国際法上許容されているという場合には（たとえば、領海で国連海洋法条約19条に基づき「無害でない」と評価できる活動を行う外国籍船舶に対する沿岸国による国連海洋法条約25条1項に基づく「保護権」の行使、国連海洋法条約246条2項の義務を履行せずEEZで事前通報なくMSRを行う外国籍船舶に対する沿岸国による国家責任法に基づく当該国際違法行為の中止要請）、庁法2条および5条の「海上における船舶の航行の秩序の維持」という規定を根拠に、外国政府の公用船舶に対して執行権限を行使することができることの明確化が図られた。

---

　(21)　日本においてEEZにおけるMSRを規制する国内法を制定する意義については、Cf. 鶴田2015。

第4節　海賊対処法制定の意義と今後の課題

　ソマリア沖、アデン湾、紅海、アラビア海、インド洋およびオマーン沖において、航行中の船舶が海賊行為および海上武装強盗（以下「海賊行為等」とする）に襲撃される事件が2008年から2009年にかけて急増した。これらの海域における海賊行為等の発生件数は、国際商業会議所国際海事局（国際貿易等に関する取引習慣の統一化等を行う民間団体である国際商業会議所の専門部局の1つ）の報告書によれば、2006年は22件、2007年は48件であったのに対して、2008年は111件、2009年は218件に急増した。その後、2010年は219件、2011年は237件であったが、2012年は75件、2013年は15件、2014年は11件となり、2012年以降は国際的な取り組みの成果により減少している。

　これらの海域は日本と欧州・中東を結ぶ重要な海上交通路であり（日本が輸入する原油のうち中東からの輸入が約9割を占める）、年間2,000隻以上の日本関係船舶（日本籍船および日本の船舶運航事業者が運航する外国籍船）が航行している。日本関係船舶の航行の安全が海賊行為等により脅かされる事態も発生している。たとえば、2008年4月にアデン湾で日本船籍・日本郵船所有運航の原油タンカー「タカヤマ」が小型船舶一隻からの発砲により被弾し、2010年7月にはホルムズ海峡でマーシャル諸島共和国船籍・商船三井所有の原油タンカー「エム・スター」が外部からの攻撃が原因と考えられる爆発により損傷するという被害にあっている。さらに、2011年3月にはアラビア海の公海上でバハマ船籍・商船三井運航の原油タンカー「グアナバラ」（以下「G号」とする）が自称ソマリ人4名に不法侵入および運航支配された。G号が発した救難信号を受けて、米国海軍の艦船バルクレイは現場海域に急行し、トルコ海軍の支援を受けてG号を救出し、4名の身柄を拘束した。海上保安庁は、4名について海賊対処法違反で逮捕状の発付を受け、米国海軍兵士に拘束された4名を引取るために海上保安官をジブチ共和国に派遣し、海上保安官はアデン湾の公海上の海上自衛隊の護衛艦上で4名を逮捕した。その後、この4名は日本へ移送され、それぞれ海賊対処法違反で起訴され、懲役9年から11年の刑が言い渡され、現在日本で服役中である（本件の詳細については**資料②グアナバラ号事件**参照）。

日本政府はソマリア沖およびアデン湾の海賊行為等の事案の多発・深刻化を受けて、2009年3月13日に、「自衛隊法」（昭和29〔1954〕年法律165号）82条に基づき、これらの海域において日本関係船舶を海賊行為から護衛することを目的として、「海上における警備行動」（以下「海上警備行動」とする）を発令し、翌14日に海上自衛隊の部隊を派遣した。当該派遣における護衛対象船舶は日本関係船舶（日本籍船、日本人が乗船する外国籍船と「我が国の船舶運航事業者が運航する外国籍船又は我が国の積荷を輸送している外国籍船であって、我が国国民の安定的な経済活動にとって重要な船舶」）に限定されていたが、このことは、派遣の根拠となった自衛隊法82条の「人命若しくは財産」という文言が、従来から基本的には日本国民の生命または財産であると解されてきたことによる。

　2009年3月13日には、「海賊行為の処罰及び海賊行為への対処に関する法律案」を閣議決定し、第171回国会に提出し、同年4月23日の衆議院本会議で可決されたものの、同年6月19日の参議院本会議で否決されたことから、同日、憲法59条2項に基づく衆議院の再可決により成立し、同年6月24日に法律55号として公布され、同年7月24日に施行された。同日、防衛大臣は、内閣総理大臣の承認を得て、海賊対処法7条の海賊対処行動を発令した。これを受け、ソマリア沖およびアデン湾における海上自衛隊による海賊対処は、同年7月28日より、自衛隊法に基づく海上警備行動としての海賊対処から、海賊対処法に基づく海賊対処行動としての海賊対処に切り替えられ、その護衛対象は船籍を問わずすべての国の船舶に拡大された。さらに、2013年12月10日からは、海上自衛隊は連合海上部隊第151連合任務部隊（CMF CTF-151）に参加し、ゾーン・ディフェンスを実施している（**コラム⑪国際機関等による海賊対処**参照）。

　海賊対処法は、国連海洋法条約101条に示された国際法上の海賊行為を日本の国内法においても犯罪とし、いかなる行為がいかなる要件をそなえたときに日本の国内法上の犯罪となり、それに対していかなる刑罰が科されうるかを明らかにし、国連海洋法条約105条で許容された普遍的管轄権の行使として、海賊行為の実行者の国籍を問わず処罰することを可能とするとともに、護衛の対象船舶を船籍問わずすべての国の船舶に広げることで国際的な協力を可能とすることなどを目的として制定された法律である。

　海賊対処法の制定過程では、海賊行為への警察権限の行使に伴う武器の使用

のあり方や自衛隊の部隊が海賊対処行動（同法7条）を行う際の国会の関与のあり方などについても大いに議論されたが、以下では、海賊対処法制定以前における海賊行為への対処の限界を見極めることで、また、海賊対処法が海賊行為の「対処」と「処罰」を扱っている点に着目することで、海賊対処法を制定したことの意義と今後の課題を整理したい。

国連海洋法条約101条の「海賊行為」（piracy）の定義の内容を要約すると、「公海上の私有船舶の乗員・乗客による他の船舶等に対する私的目的に基づく不法な暴力等の行為」である。国連海洋法条約における「海賊行為」は、位置（公海上）、主体（私有の船舶の乗員・乗客）、客体（他の船舶）と目的（私的目的）の4つの要件を課せられた不法な暴力や略奪等の行為であるといえる（国際法上の海賊行為の4つの要件の意義については**第7章石井論文**参照）。

また、国連海洋法条約105条は、公海における旗国主義の例外として、普遍的管轄権の行使として、すべての国が、海賊行為に使用された船舶（以下「海賊船舶」とする）を拿捕し、海賊行為の実行者を逮捕する等の司法的な警察権限を行使することを許容している。公海上の船舶は旗国の排他的な管轄権に服するというのが原則であるが、国連海洋法条約105条の規定は、海賊行為を行った船舶については、あらゆる国が拿捕、逮捕や押収といった司法的な警察権限を行使することを許容している。同条は、ある国が海上で発生したある暴力等の行為について国際法上の海賊行為の認定を行い、当該行為の実行者を逮捕し、送致し、訴追し、処罰したとしても、そのことをもって、他のいずれの国からも、当該権限行使を国際法上違法なものであるとして、国際法上の国家責任を追及されることはないという効果を生じさせる（国際法上の普遍的管轄権の意義については**第6章玉田論文**参照）。

日本の国内法には、海賊対処法を制定する以前においては、国連海洋法条約101条の海賊行為に対処するための特別の法律はなく、刑法上の犯罪に該当するかどうか、具体的には、殺人（刑法199条）、傷害（同204条）、逮捕および監禁（同220条）、脅迫（同222条）、強盗（同236条）などに該当するかどうかが問題であった。すなわち、海賊対処法を制定する以前においては、国連海洋法条約上の海賊行為のうち、刑法の適用がある限りにおいて国内法上の犯罪として対応することができるにとどまった。海賊対処法を制定する以前における海賊

行為への日本の国内法令の対応を、刑法の適用範囲の観点から整理すると次の通りである。

公海上で発生した事案については、日本籍船内の犯罪（刑法1条2項）、すべての者の国外犯（同2条）、日本国民の国外犯（同3条）、日本国民以外の者の国外犯（同3条の2）、条約による国外犯（同4条の2）に該当すれば、刑法を適用することができる。海賊行為の実行者が外国人である場合、海賊行為の主要な構成要素と考えられる殺人、殺人の未遂、傷害、傷害致死、逮捕および監禁、脅迫、強盗は、刑法2条の対象犯罪には含まれないため、同条は適用できない。ただし、海賊行為の実行者が外国人の場合であっても、その被害者が日本人であれば、刑法3条の2によって、殺人、殺人の未遂、傷害、傷害致死、逮捕および監禁、強盗の罪については刑法を適用できるが、脅迫の罪については適用できない。他方で、海賊行為の実行者が日本人である場合は、刑法3条によって、殺人、殺人の未遂、傷害、傷害致死、逮捕および監禁、強盗の罪については適用できるが、脅迫の罪については適用できない。

なお、刑法4条の2は、「第二条から前条までに規定するもののほか、この法律は、日本国外において、第二編の罪であって条約により日本国外において犯したときであっても罰すべきものとされているものを犯したすべての者に適用する。」と規定しているため、本条の適用は、条約において締約国に処罰義務が課されている犯罪に限定されると解される。この点について、国連海洋法条約105条は、「いずれの国も、……海賊の支配下にある船舶又は航空機を拿捕し及び当該船舶又は航空機内の人を逮捕し又は財産を押収することができる。拿捕を行った国の裁判所は、科すべき刑罰を決定することができる……」と規定しており、拿捕、逮捕、押収と処罰を義務づけるのではなく、許容しているにすぎないため、刑法4条の2の射程外となる。

海上保安庁は、ソマリア沖およびアデン湾には、①日本からの距離（この海域で長期連続行動が可能な海上保安庁の巡視船は現在2隻のみである）、②この海域の海賊行為者が所持している武器（RPG-7等の重火器で武装している）、③各国が海軍の軍艦・軍用航空機を派遣していること等の理由で、これまでのところ巡視船艇を派遣していない。この海域に派遣されている海上自衛隊護衛艦2隻に司法警察職員である海上保安官が同乗している。しかしながら、ソマリア沖およ

びアデン湾に海上保安庁の巡視船艇が派遣されていたとしたら、その「対処」の範囲はどのような内容であったか。

　海上保安庁は、その設置法・作用法である海上保安庁法において、前述の通り、「海上の安全及び治安の確保を図ること」（同2条1項）を任務としている。ここでいう「海上」には地理的な限定はないと解されており、日本の領海やEEZ等のみならず、国際法上の海賊行為の発生海域である公海も含まれる。また、誰の「安全」であるかについても、特段の限定は無いと解されている。海上保安庁の具体的な任務は、「法令の海上における励行」や「海上における犯罪の予防及び鎮圧」といった行政的な警察権限の行使や、「海上における犯人の捜査及び逮捕」といった司法的な警察権限の行使などである。また、同5条は、「海上における暴動及び騒乱の鎮圧に関すること」（5条14号）や「海上における犯人の捜査及び逮捕に関すること」（同15号）を所掌事務としている。海賊船舶に対して、海上保安官は、「船舶の進行を停止させて立入検査をし、又は乗組員及び旅客に対しその職務を行うために必要な質問をすること」（17条1項）ができ、さらに、「海上における犯罪が正に行われようとするのを認めた場合又は天災事変、海難、工作物の損壊、危険物の爆発等危険な事態がある場合であつて、人の生命若しくは身体に危険が及び、又は財産に重大な損害が及ぶおそれがあり、かつ、急を要するとき」（18条1項）は、海賊船舶の進行を停止させることや海賊行為を制止することなどができる。

　このように、海上保安官は、海賊対処法の制定以前においても、海上保安庁法に基づき、公海上で発生した国際法上の海賊行為に対して、その危害排除等を目的にして、海賊船舶の進行を停止させ、船内に立ち入り、海賊行為を鎮圧し、被害船の乗組員等を救助するなど、海賊事案にひろく行政的に対処する権限を行使することができた[22]。

　ただし、海賊対処法の制定以前においては、日本の国内法には国連海洋法条約上の海賊行為に対応した法律は存在しなかったため、公海上で発生した行為を日本の国内法体系に位置づけられた国連海洋法条約101条の規定に基づき国際法上の海賊行為に該当するか否かを評価し、当該行為が海賊行為に該当する

---

[22] Cf. 鶴岡 2009, pp.43-44.

という場合には、当該評価に対応した執行権限を行使する（国際法上は国連海洋法条約105条に基づく執行権限の行使、日本の国内法上は海上保安庁法17条および18条に基づく行政的な警察権限の行使等）という構成をとらざるをえなかった。

さらに、海賊行為に行政的に対処した後の、海賊行為者の逮捕や取調べ等の司法手続きについては、海賊対処法の制定以前においては、対峙した海賊事案に日本籍船舶や日本人が関与している場合にのみ、逮捕することができるにとどまった。日本の国内法には、海賊対処法制定以前には、国連海洋法条約上の海賊行為に対応した特別の法律は存在しなかったため、前述の通り、刑法典上の殺人、傷害、逮捕、監禁、脅迫や強盗などの犯罪に該当する限りにおいて、国内法上の犯罪として対応することができるにとどまった。さらに、刑法典の適用範囲は限定されており、日本籍船舶や日本人が海賊行為の被害にあうなど、日本籍船舶や日本人が関与している海賊事案については適用はあるが、公海上で外国人のみが乗船した外国籍船舶が外国人により襲撃されるというような事案については適用はなく、日本の国内法上の「犯罪」とはいえないため、捜査、逮捕、押収等の司法的な権限を行使できないという状況にあった。このような場合には、海賊行為に対峙した現場海域において、海賊行為者を他国の官憲に委ねるという事実上の引渡しを行うか、いずれの国にも委ねることができない場合には、現場海域で「放免する」という対応をとらざるをえなかった。

海賊行為の処罰について、日本には、1934年に、当時の東シナ海で、ドイツ人が海賊行為を行い、中華民国籍船を奪って、関東州の領海内に入域してきた事案について、「わが領海外の〔本件〕行為は公海における外国人が外国人に対して為したる犯罪にして、わが現行刑法上処罰する規定なきをもって、刑事訴訟法364条1項1号を適用して公訴棄却の言渡を為すべきものとす」とした判決（昭和9〔1934〕年4月26日・関東庁地方法院判決・法律新聞第3696号13頁）がある。公海上で外国人のみが乗船した外国籍船舶（日本の船舶運航事業者が運航する外国籍船を含む）が外国人により襲撃されるというような海賊行為の事案に日本の国内法令の適用がないという点は、海賊対処法が制定される2009年まで変更はなかったといえる。

海賊対処法の制定により、公海上で外国人のみが乗船した外国籍船舶が外国人により襲撃されるような海賊事案であっても、海上保安官が海賊行為を鎮圧

し、その危害を排除するなどの行政的な権限を行使するのみならず、海賊行為者を捜査し逮捕するなどの司法的な権限を行使することも可能となった。

　海賊対処法の制定によって、たとえば、海賊事案に対処した現場海域で海賊行為者を「放免せざるをえない」ということは法的にはなくなったのであり、そのような文脈であれば、海賊対処法における「処罰」についても、「対処」と同様に、肯定的に評価できる。しかしながら、ひろく処罰できるようになったことをもって、実際にひろく処罰していくかという点については、かりに、日本籍船舶や日本人が海賊行為の被害にあった事案に限定して処罰権限を行使していくというのであれば、これまでの刑法の適用範囲で不足はなく、「処罰」については海賊対処法制定の意義は無いということになる。ただし、公海上で外国人のみが乗船した外国籍船が外国人に襲撃されるような事案への海上自衛隊の部隊による「対処」は、そのような行為が日本の国内法によって罰則付きで規制され、処罰可能となったことを受けて、あくまでも「海上における犯罪の予防及び鎮圧」として可能となったのであり、海賊事案にひろく対処するためには、ひろく処罰可能とする必要があったといえる。

　これまでもハイジャック防止の国際条約上の犯罪に対応した国内法においても、「刑法第2条の例に従う」等と規定することで、日本の国内法を国外にひろく適用するような立法はなされてきた。しかし、その執行については、あくまでも条約によって締約国に課せられた「引き渡すか裁判するか（*aut dedere aut judicare*）」の義務の履行として、条約上の犯罪行為の実行者が自ら日本国内に所在するにいたった限りにおいてなされる「受け身」の執行であった[23]。海賊対処法については、海賊対処法の観念的な適用のみならず、公海上で積極的に執行していくことも可能となる。海賊対処法の制定、そしてグアナバラ号事件における公海上の外国籍船舶で発生した自称ソマリ人の行為への海賊対処法の適用（海賊行為という犯罪の認定等）とそれに基づく執行（犯罪の捜査や犯人の逮捕等）、さらに日本の刑事司法過程における訴追、審理や刑罰の決定等によって、国外で発生した事案への日本の国内法令の適用と執行のあり方は新たな局面を迎えたといえる。

---

　(23)　Cf. 鶴田 2010, pp.150-152.

海賊対処法の制定によってひろく行うことが可能となった国際法上の海賊行為に対する処罰権限の行使を、いかなる場合に、いかなるかたちで行っていくべきか。海賊行為に対する普遍的管轄権の行使は公海上の外国籍船舶に対する旗国による排他的な執行管轄権の行使のあくまでも「例外」として許容されたものであることに留意しつつ、その考え方を整理していく必要がある。

主要参考文献・資料

浅田正彦, 2001,「条約の国内実施と憲法上の制約」『国際法外交雑誌』第100巻第5号, pp.1-42.

芦部信喜, 1992,『憲法学Ⅰ 憲法総論』(有斐閣).

岩沢雄司, 1985,『条約の国内適用可能性』(有斐閣).

内野正幸, 2004,「条約・法律・行政立法」高見勝利ほか編『日本国憲法解釈の再検討』(有斐閣), p.425-442.

大野恒太郎, 1984,「海上刑事管轄権」『海洋法と海洋政策(外務省)』第7号, pp.1-14.

兼原敦子, 2002,「沿岸国としての日本の国内措置」『ジュリスト』第1232号, pp.61-70.

小森光夫, 1998,「条約の国内的効力と国内立法」村瀬信也・奥脇直也編『国家管轄権』(勁草書房), pp.551-571.

櫻井敬子, 2004,「公物理論の発展可能性とその限界」『自治研究』第80巻第7号, pp.24-45.

高野雄一, 1960,『憲法と条約』(東京大学出版会).

田畑茂二郎, 1982,『国際法講義上[新版]』(有信堂高文社).

鶴岡公二, 2009,「外務省と国際法－国際法と国内法」『ジュリスト』第1387号, pp.39-46.

鶴田順, 2010,「改正ＳＵＡ条約とその日本における実施」杉原高嶺・栗林忠男編『現代海洋法の潮流 第三巻 日本における海洋法の主要課題』(有信堂高文社), pp.131-161.

TSURUTA Jun, 2012, "The Japanese Act on the Punishment of and Measures against Piracy," The Aegean Review of the Law of the Sea and Maritime Law, Vol.1 (2), pp.237-245.

鶴田順, 2015,「排他的経済水域における『海洋の科学的調査』」『海事交通研究(年報)』第64集, pp.63-72.

中谷和弘, 2009,「海賊行為の処罰及び海賊行為への対処に関する法律」『ジュリスト』第1385号, pp.62-68.

成田頼明, 1990,「国際化と行政法の課題」成田頼明ほか編『行政法の諸問題(下)』(有斐閣), p.87-106.

橋本博之, 2000,「海洋管理の法理」碓井光明ほか編『公法学の法と政策(下)』(有斐閣), pp.671-693.

松田誠, 2011,「実務としての条約締結手続」『新世代法政策学研究』10号, pp.301-330.

村上暦造, 1996,「海上における警察活動」成田頼明・西谷剛編『海と川をめぐる法律問題』(良書普及会), pp.63-76.

谷内正太郎, 1991,「国際法規の国内的実施」広部和也・田中忠編『国際法と国内法』(勁草書房), pp.109-131.

山本草二, 1994,『国際法(新版)』(有斐閣).

第1章　刑法学からみた海賊対処法

甲斐　克則

はじめに——海賊対処法成立の意義と背景

1　人類共通の敵とされてきた海賊行為に対して刑事責任をどのように追及して、どの範囲で、どの程度問うことができるか。実践するのが困難であった古くて新しいこの問題に関して、近時、大きな進展が見られた。2009（平成21）年に成立し施行された「海賊行為の処罰及び海賊行為への対処に関する法律」[1]（以下「海賊対処法」とする）が成立したことにより、状況は変わったのである。世界レベルでは、早くから「海洋法に関する国際連合条約」（1982年4月30日採択、1994年11月16日発効、日本は1996年7月20日批准）（以下「国連海洋法条約」とする）が、100条から107条にわたり、海賊行為に関する規定を設けているが、ようやく国内法整備が実現したのである。最近、とりわけマラッカ海峡やソマリア沖で海賊行為が多発していただけに[2]、この立法は、刑法8条ただし書に当たる根拠規定となる点で実に意義深いものがある。特に刑事法レベルで国内法が整備されていないと、現場でいくら摘発しようとしても、捜査や裁判の段階になると、どうしても法的に整合性が取れないところが出てくるが、海賊対処法の成立・施行により、これが法的に克服されたことになる。しかも、海賊対処法の具体的な適用事案として、2011年3月にグアナバラ号事件が発生した。同年3月11日に未曾有の東日本大震災が発生したこともあって、当初の社会的関心はやや弱まらざるをえなかったとはいえ、日本の刑事司法は、

---

(1)　甲斐2015, pp.534-543; 甲斐2012, p.13-16; 笹本＝高藤2009, p15; 中谷2009, p.64.
(2)　鶴田2011, p.29-30; ソマリア沖・アデン湾における海賊対処に関する関係省庁連絡会議, 2014.

貴重な事件処理を体験したのである。

2　海賊対処法の重要なポイントは5点ある。第1に、海賊行為の定義、第2に、海賊行為をした者につき、その危険性や悪質性に応じて処罰すること、第3に、海賊行為への対処は、海上保安庁が必要な措置を実施するものとし、海上保安官等は、海上保安庁法において準用する警察官職務執行法7条の規定による武器の使用のほか、他の船舶への著しい接近等の海賊行為を制止して停船させるため他に手段がない場合においても、武器を使用することができること、第4に、防衛大臣は、海賊行為に対処するため特別の必要がある場合には、内閣総理大臣の承認を得て海賊対処行動を命ずることができるものとし、当該承認を受けようとするときは、原則として、対処要項を作成し、内閣総理大臣に提出しなければならないこととするとともに、内閣総理大臣は、国会に所要の報告をしなければならないこと、第5に、海賊対処行動を命ぜられた自衛官につき、海上保安庁法の所定の規定、武器の使用に関する警察官職務執行法7条の規定、および他の船舶への著しい接近等の海賊行為を制止して停船させるための武器の使用に係るこの法律案の規定を準用すること、である[3]。

3　海賊対処法は、以上の5つの基本的視点をもとに13か条にわたり具体的な内容を盛り込んだ規定をしており、これによって、国内法の整備が一応完了した。日本でも、主に国際法の観点から海賊行為に関する法的研究がなされてきたが[4]、研究が遅れていた実定法の観点からも、グアナバラ号事件発生により、刑法解釈論上の重要課題も浮き彫りになった[5]。本件および本判決は、後述のように、日本の刑事法廷が裁くリーディングケースということもあって、重要な意義を有する。

本章では、グアナバラ号事件および同事件判決を刑法（国際刑法を含む）の観点から分析をしつつ、海賊対処法の解釈論上の問題について述べる。国際刑法の基本原則としては属地主義が伝統的な基本的考えであり、属人主義と保護主

---

(3) 甲斐2012, pp.13-14.
(4) 飯田1967; 山田2008, pp.1-; 逸見2009, pp.1-; 岡野2009, pp.34-; 鶴田2009, pp.2-3; 安藤2010, pp.49-; 坂元2012, pp.168-; 瀬田2013, pp.119-参照。
(5) 刑法学者の研究として、甲斐2015; 甲斐2012; 北川2014が公表されており、実務家の研究として、城2014（上）（下）が公表されている。

義がこれに加わり、国際刑法の諸問題に対応してきた。しかし、さらに、普遍主義ないし普遍的管轄権という観点がこれらに加わる[6]。海賊の問題については、ある種の「国境を越える犯罪」でもあることから、普遍主義という観点から考えざるをえない。以下、まず、グアナバラ号事件の概要と第1審判決および第2審判決の概要を示し、つぎに、判決に現れたポイントを示し、さらに、海賊対処法と刑法解釈論の課題について述べる。

第1節　グアナバラ号事件の概要と第1審判決および第2審判決

1　グアナバラ号事件の概要

　まず、グアナバラ号事件の概要を示しておこう[7]。2011（平成23）年2月17日、バハマ船籍で商船三井の原油タンカー「グアナバラ号」（57,462 G/T）は、ウクライナのケルチ港で重油を積み、中国の舟山港に向けて航行中であった。同年3月5日17時12分ごろ（現地時間）、北緯17度00分、東経58度50分付近のアラビア海の公海上で、グアナバラ号が、「私的目的」で小型ボートに乗って接近した被告人ら4人の海賊に乗り込まれた。海賊は、レーダーマストや船長室ドアに向けて自動小銃を発射するなどの一連の行為により、船長ら乗組員24名を脅迫し、さらに、操舵室内に押し入って操舵ハンドルを操作した後、グアナバラ号の操縦をさせようと乗組員らを探し回るなどし、乗組員らを抵抗不能の状態に陥れてほしいままにその運航を支配する海賊行為をしようとしたが、同月6日、アラビア海の公海上において、グアナバラ号が発した救難信号を受けて、米国海軍の艦船「バルクレイ」は現場海域に急行し、トルコ海軍の支援を受けてグアナバラ号を救出するとともに、米国海軍が海賊4人の身柄を拘束した（3月6日12時20分ごろ〔現地時間〕）。グアナバラ号の乗組員は、24人全員が外国人（フィリピン人18人、クロアチア人・モンテネグロ人・ルーマニア人各2名）で、全員操舵室に避難し、負傷者はなかった。

　この4名について海上保安庁は、2011（平成23）年3月10日、海賊対処法3

---

(6)　刑法学では、普遍主義という用語を使わずに世界主義という言葉を使うこともある。
(7)　グアナバラ号事件発生当初の概要については、鶴田2011参照。

条3項および2条5号の罪で東京地方裁判所より逮捕状の発付を受け、翌11日、海上保安官がジブチに派遣されて米国海軍により身柄を拘束されている4名の海賊をアデン湾の公海上の海上自衛隊護衛艦上で逮捕した。その後、海賊4名は日本へ移送され、同年3月13日に日本に到着し、その後、海賊対処法3条2項、1項および2条1号で起訴された。逮捕の時点では、海賊対処法3条3項・2条5号違反ということであったが、起訴の段階では、3条2項・2条1号違反の船舶強取・船舶運航支配未遂罪で起訴された。1名の少年について不起訴になっていたが、東京家裁が検察官送致（逆送）したのを受けて、海賊対処法違反の同じ罪で起訴され、東京地裁で5年以上9年以下の実刑に処された後に控訴され、2013（平成25）年12月25日に東京高裁が控訴を棄却している（判例集不登載）。もう1名は、2013（平成25）年4月12日に東京地裁で懲役11年の実刑判決を受けたが、控訴し、2014（平成26）年1月15日に東京高裁が控訴を棄却した（判例集不登載）。本稿が対象とする残りの2名について、裁判員裁判で審理が行われた。ソマリア語を訳せる日本語通訳がおらず、公判は英語の通訳を介した「二重通訳」で行われたこともあり、弁護人は、公訴棄却の主張をした。

2　第1審判決要旨

　第1審の東京地裁刑事第4部は、検察官の求刑懲役12年に対して、以下のように、被告人両名を懲役10年に処する判決を下した（東京地判平成23年2月1日：判例集未登載）。

（1）　海賊対処法の憲法適合性について　「本件では、海賊対処法のうち、被告人らに対する刑事処罰規定としての2条及び3条の適否が問題となるのであり、また、本件については自衛隊が海賊対処行動を取ったときも、武器を使用したこともないのであるから、自衛隊の海賊対処行動に関する同法6条ないし8条の憲法適合性を論じる余地はな」い。

（2）　刑事裁判管轄権について　国際法上の管轄権については、海洋法に関する国際連合条約100条の趣旨を勘案すると、「海賊行為については、旗国主義の原則（公海において船舶は旗国の排他的管轄権に服するというもの）の例外として、いずれの国も管轄権を行使できるという意味での普遍的管轄権が認められているものと解するのが相当であ」る。国内法上の管轄権については、「海賊対処

法は、公海における一定の行為を海賊行為として処罰することを規定し（2条ないし4条）、国外での行為を取り込んだ形で犯罪類型を定めている。このような規定の仕方自体から、海賊対処法には、国外犯を処罰する旨の『特別の規定』（刑法8条ただし書）があるものと解され、さらに、前記のとおり海賊行為については普遍的管轄権が認められることを併せ考えると。海賊対処法は、公海上で海賊行為を犯したすべての者に適用されるという意味で、その国外犯処罰する趣旨に出たものとみることができる。したがって、海賊行為について国外犯処罰規定がないとはいえないことはもちろん、管轄を及ぼすべき具体的な行為が法文から明らかでないともいえない。」

(3) 被告人らの引受行為等について　「当裁判所の事実取調べの結果によれば、……被告人らの引渡しと逮捕、その後の弁護人の選任までの一連の手続は、種々の制約がある中で可及的速やかになされたといえる上、その逮捕手続についても、海上保安官は、令状主義の精神に則り、被告人らに対して逮捕の理由と弁護人選任権を告知するよう努めたことがうかがわれるから、弁護人が指摘する事情を考慮しても、被告人らに対する逮捕手続等に公訴の提起を無効とするような違法があるとは認められない。また、その後の被告人らとの意思疎通が二重通訳になるなどしたからといって、そのことをもって本件公訴の提起が違法になるとは解されない。」

(4) 量刑の理由　「1　本件は、日本で初めての海賊対処法違反（運航支配未遂の罪）被告事件であるが、まず、当裁判所は、犯行が未遂に終わっている反面、行為の危険性・悪質性等からすると、本件は、取り得る有期懲役刑の刑期の範囲内で、上限付近にも下限付近にも位置付けられず、その中央付近に位置するものと考えた。

すなわち、本件は、投資家の出資と現場責任者（リーダー）の勧誘の下に集まった被告人らが、自動小銃やロケットランチャーで武装してソマリアから出航し、アラビア海の公海上を航行するオイルタンカーを発見するや、これを乗っ取り最終的には船員らの身代金を獲得しようと、小型ボートで接近してタンカーに乗り込んだもので、組織性・計画性の強い典型的なソマリア海賊の事案である。そして、本件タンカーには、当時は24名もの船員が乗船していたし、タンカー自体も約46億円相当の重油を積載した全長約240メートルの巨大な

船舶であったから、犯罪の規模も大きい。被告人らは、このようなタンカーに狙いを付けると、自動小銃を発射しながら船員らを威嚇するように接近し、サブリーダーを含む共犯者2名と共に上船後、レーダーマスト等を自動小銃で破壊した上で、操舵室内に押し入って操舵装置を動かし、さらに、施錠されたドアをバールでこじ開けながら艦内奥深くまで船員らを捜し回ったり、船長室ドアに向けて自動小銃を発砲したりし、互いに協力しながら行動を共にしている。身代金目的の犯行で、その行為態様も悪質であり、運航が支配される危険性も高かったといえる。」

「2 次に、被告人両名は、現場責任者等よりは立場が低いといえるにしても、いずれも高額の報酬目当てで実行部隊に加わったのであるから、積極的に重要な役割を果たしたと評価できる。また、被告人両名の役割や行動内容の点で、両名の刑事責任に有意の差はないというべきである。」

「3 ただし、被告人両名は、海賊行為に参加したのは今回が初めてであり、それまでは、健康上の問題を抱えつつも、苦しい生活の中で家族のために真面目に働いてきたものである。当初は犯行を否認していたものの、現時点では、自分にとって不利な部分も含めた事実関係を詳細に供述し、被害を受けた関係者に思いを至すようにもなっており、本件に参加したことを深く後悔している。

　これらを、被告人両名の刑期を減じる事情として考慮し、主文の刑が相当であるとの結論に至った。」

3　第2審判決要旨

　弁護人は、海賊対処法の6条ないし8条の合憲性、刑事管轄権の有無、被告人両名の引受け行為の違法性ないし有効性、および量刑不当について争い控訴したが、第2審（東京高判平成25年12月18日：高刑集66巻4号6頁）は、控訴棄却の判決を言い渡した。

（1）刑事管轄権の有無について　「所論は、本件については以下の理由により、日本の裁判所には国際法上の管轄権も国内法上の管轄権も認められないと主張する。すなわち、ア　国際法上の管轄権について、原判決は、海洋法に関する国際連合条約（以下「国連海洋法条約」という。）100条は『すべての国は、最大限に可能な範囲で、公開その他いずれの国の管轄権にも服さない場所における海賊行為の抑止に協力する。』と定めているところ、海賊行為が公海上におけ

る船舶の航行の安全を侵害する重大な犯罪行為であることや、海賊行為をめぐる国際社会の対応等の歴史的沿革を踏まえ、その規定の趣旨を勘案すると、海賊行為については、旗国主義の原則（公海において船舶は旗国の排他的管轄権に服するというもの）の例外として、いずれの国も管轄権を行使することができるという意味での普遍的管轄権が認められているものと解するのが相当であるとしたが、同条約105条は『（海賊船舶等の）拿捕を行った国の裁判所は、科すべき刑罰を決定することができる。』と明確に規定しているのであって、このような明確な規定を同条約100条のような抽象的な規定を拡張ないし類推解釈をして否定することはできない。イ　国内法上の管轄権について、原判決は、海賊対処法は、公海等における一定の行為を海賊行為として処罰することを規定し（同法2条ないし4条）、国外での行為を取り込んだ形で犯罪類型を定めているところ、このような規定の仕方自体から、同法には国外犯を処罰する旨の『特別の規定』（刑法8条ただし書）があるものと解され、海賊行為については普遍的管轄権が認められることを併せ考えると、海賊対処法は、公海上で海賊行為を犯したすべての者に適用されるという意味で、その国外犯を処罰する趣旨に出たものとみることができ、海賊行為について国外犯処罰規定がないといえないことはもちろん、管轄を及ぼすべき具体的な行為が法文から明らかでないともいえないとしたが、海賊行為に認められる普遍的管轄権とは、『（海賊船舶等の）拿捕を行った国の裁判所は、科すべき刑罰を決定することができる』という意味での普遍的管轄権であるから、海賊対処法の処罰規定を適用することができる者も、日本の官憲が拿捕した者に限られるというべきである。

　しかしながら、(2)アの点については、海賊行為は古くから海上交通の一般的安全を侵害するものとして人類共通の敵と考えられ、普遍主義に基づいて、慣習国際法上もあらゆる国において管轄権を行使することができるとされており、実際、ソマリア海賊に関しても海賊被疑者を拿捕した国が第三国に引き渡し、第三国もこれを受け入れ、訴追、審理を行った例が多数見られるところである。こうした慣習国際法上の実情及び国家実行に加えて、国連海洋法条約100条が、上記のとおり海賊行為に関し、すべての国に対する協力義務を規定していることも併せ考慮すれば、国際法上、いずれの国も海賊行為について管轄権を行使することができると解される。所論は、同条約15条によれば本件につき国際

法上管轄権を行使し得るのは被告人らを拿捕したアメリカ合衆国であり、日本はこれを認められないというのであるが、同条は、その規定振りが全体として権利方式である上（英文では「may decide upon the penalties to be imposed」とされており、『科すべき刑罰を決定することができる』と訳されている。）、同条が定めるすべての国が有する海賊行為に対する管轄権は、国連海洋法条約によって初めて創設されたものではなく、古くから慣習国際法により認められてきたものであって、所論の主張は、このような沿革や同条の趣旨に反するものである。そして、実質的に見ても、拿捕国が海賊被疑者の身柄を拘束し証拠も保持しており、同国にその管轄権を肯定するのが適正かつ迅速な裁判遂行、ひいては海賊被疑者の人権保障にも資することからすれば、同条はいずれの国も海賊行為に対して管轄権を行使することを前提とした上で、拿捕国は利害関係国その他第三国に対して優先的に管轄権を行使することができることを規定したものと解するのが相当である。原判決は、同条約105条の解釈については特に触れていないが、その判文に徴すれば同条約に関し上記と同旨の理解に立つものであると考えられ、所論がいうように同条約100条のみに依拠したものとは認められない。所論(2)アは、原判決を正解しないものであって採用できない。また、所論(2)イは、既に見たとおり、普遍的管轄権の理解及び同条約105条の解釈を異にするものであって、その前提において失当である。」

(2) 量刑について　「原判決が挙げる量刑事情に不当な点はなく、それを踏まえた量刑判断に際しての本件の位置付け及び被告人両名の刑事責任に関する判断は相当であって、各量刑が重すぎて不当であるとはいえない。」

その後、1名が上告したが、最決平成26年6月16日（判例集未登載）で上告が棄却され、懲役10年の刑が確定している。

第2節　判決の分析・検討

1　海賊行為処罰と普遍的管轄権

本件の中心的論点は、「公海上で外国人のみが乗船した外国向け貨物を積載した外国船舶が外国人により襲撃された海賊事案」、すなわち、「日本との関連性の希薄な事案に対して、日本が自国の法律を適用し、犯罪の捜査や犯人の逮

捕等の執行管轄権を行使し、さらに司法管轄権を行使した点において、日本による普遍主義に基づく管轄権行使」が適法であったか否か[8]、である。そして、第1審判決も第2審判決も、まさに国内法である海賊対処法の適用を普遍的管轄権を根拠にして認めたことにより、遠いアフリカのソマリア沖の公海上で行われた海賊行為に対して普遍的管轄権を行使しうることを司法が自ら認めたことの意義は大きい。しかも、日本との関連は、かろうじて「日本企業が運航するバハマ船籍のオイルタンカー」という点（いわゆる便宜置籍船という関連性）にしかない。もちろん、普遍的管轄権を承認すれば、こうした事態は十分に想定しておかなければならない。

　しかし、より厳密にみると、第1審判決よりも第2審判決の方が入念な認定をしているとはいえ、国連海洋法条約105条の「拿捕を行った国の裁判所は、科すべき刑罰を決定することができる」という規定との整合性に関する理由づけがなお曖昧であるなど、課題は残る。また、後述のように、「私的目的」と「政治的目的」との区別は難しい場合がありうる。両判決件では、この点にあまり言及されていないが、おそらく「私的目的」を当然の前提としているのであろう。この点は、結論としては妥当と思われるが、やはり言及はしておくべきである[9]。

2　量刑について

　第1審判決も第2審判決も、被告人両名を懲役10年に処したが、この量刑を重過ぎるとみるべきか。ソマリアのように「破綻国家」と言われている国の近くの公海で行われた海賊行為に関しては、おそらく被告人たちからすると、「自分たちはむしろ政治の犠牲者である」という意見が出てくる余地もあるが、それが、有罪か無罪かという結論に大きく関わることまではないであろう[10]。量刑に関しても、第1審判決は、「海賊問題は、そのような支援のみならず、海賊行為に対する刑事裁判を含め、様々な観点からの対応が検討されるべきものであって、弁護人の主張は、海賊行為の処罰の必要性を減じ、あるいは被告人らを軽く処罰する理由にはならないというべきである。」と指摘し、第2審

---

[8]　鶴田 2014, p.287.
[9]　北川 2014, p.576 も、課題を指摘しつつ、裁判所の法判断が妥当だと評価している。
[10]　甲斐 2012, pp.21-22.

判決も、基本的に第1審判決を支持して、「海賊行為は古くから人類共通の敵と言われるように、それ自体が極めて強い非難に値する悪質なものであることに加えて、被告人両名が本件犯行に参加する悪質なものであることに加えて、被告人両名が本件犯行に参加することを決意した直接の動機は高額の報酬を得ることにあったことに鑑みれば、この点を量刑判断に当たり過大に考慮することは許されないというべきである。」と結論づけている。結論としては、妥当な量刑だと思われる。なお、海賊対策の根本解決のためには、そうした国への政治的・経済的な支援のほかに、法制度的支援も不可欠であるが、これは1国でなしうるものではない。

第3節　海賊対処法と刑法解釈論

1　海賊対処法と刑法および国際刑法の基本原則との関わり

　グアナバラ号事件は、解釈論上はそれほど大きな問題を含んでいるわけではない。少なくとも、本件で適用された運航支配未遂罪（海賊対処法3条2項）の成立を否定するのは困難である。しかし、リーディングケースであるだけに、本件および本判決を正確に理解するには、海賊対処法の処罰規定全体を理解しておく必要がある。なぜなら、海賊行為を実定法の問題として実際に考えてみると、解釈論上いろいろな問題が出てくるからである。

　まず、国連海洋法条約101条に国際法レベルでの海賊の定義がある[11]。それによれば、海賊とは、「公海上の私有船舶の乗員・乗客による他の船舶等に対する私的目的に基づく不法な暴力等の行為」である。また、同条約103条には海賊船舶または海賊航空機の定義もあり、さらに、同条約105条には海賊船舶または海賊航空機の拿捕についての規定がある。海賊対処法も、こうした国連海洋法条約の諸規定を参考にしてはいるが、これらを執行するためには、罪刑法定主義等の刑法上の諸原則と照らし合わせてどうしても国内法の整合性を図る必要があったことから、より厳密な定義が導入されている。それでも、やはり文言上、解釈に幅が出てくることはやむをえないものがある。いずれにせ

---

　(11)　詳細については、逸見2009, pp.1- 参照。

よ、海賊対処法が制定・施行されたことによって、国際法レベルでの条約上の海賊行為をまさに日本の国内法で処罰することができるようになったことは、国民にとっても外国の関係者にとっても、そして法を執行する側にとっても、非常に重要と考えられる。

　さて、刑法の基本原則としては、行為主義、罪刑法定主義、責任主義という基本原則がある。海賊対処法との関係では、行為のみを罰するという意味での行為主義は問題ない。難しいのは、罪刑法定主義にかかわる部分で、文言との関係でどこまで射程範囲が認められるか、という問題が出てくる。さらに、責任主義との関係では、海賊対処法は故意犯であるがゆえに、故意の問題が重要であるが、後述のように、「私的目的」という文言の解釈をめぐりその限界がかなり難しいケースがありはしないか、という点が問題となる。とくに政治的な問題が絡んでくると、確信犯の問題という刑法固有の伝統的議論が関係してくる。

　しかし、他方では法益保護主義があり、その内実として「法益」の侵害をいかにして確定するか、という点が問題となる。国内法であれば、個人法益、社会法益、国家法益という具合に分類されるが、海賊対処法は、後述のように、犯罪類型として従来の刑法典の解釈で賄えていた部分とそれを超越する部分とがある。すなわち、個人法益と社会法益の複合的な要素が絡む規定もあるので、保護法益の確定は、解釈論上重要な課題となる。

　海賊対処法における定義によれば、「この法律において『海賊行為』とは、船舶（軍艦及び各国政府が所有し又は運行する船舶を除く。）に乗り組み又は乗船した者が、私的目的で、公海（海洋法に関する国際連合条約に規定する排他的経済水域を含む。）又は我が国の領海若しくは内水において行う次の各号のいずれかの行為をいう。」と規定されている（2条）。したがって、本罪は、目的犯である。「公海」については、国連海洋法条約で規定があり、それを受けて、海賊対処法では、「公海又は我が国の領海若しくは内水において行う次の各号のいずれかの行為」という規定になっている。この中で領海とか内水であれば、もちろん問題なく捜査権を発動できるが、問題は、海賊行為が公海上で行われた場合である。従来、このケースでいろいろと苦慮していたわけであるが、海賊対処法の規定により、ソマリア沖のような遠い公海上での犯罪に捜査機関も

対応できるということになった。

2　海賊対処法2条の解釈をめぐる諸問題

海賊対処法の個々の罪の構成要件の解釈をめぐる問題点として何があるか。

まず、海賊対処法2条1号では、「暴行若しくは脅迫を用い、又はその他の方法により人を抵抗不能の状態に陥れて、航行中の他の船舶を強取し、又はほしいままにその運行を支配する行為」と規定されている。前段の行為を「船舶強取罪」、後段の行為を「船舶運行支配罪」と呼ぶことができる。

船舶強取罪の行為は、「強取」であるから、強奪行為である。これは、「シージャック」と言ってもよい。また、船舶運行支配罪は、「ほしいままに運航を支配する」という海賊独自の運航支配の行為類型も規定された点は重要である。これは、グアナバラ号事件でも適用される余地のある規定である。「強取」という行為は、従来、財産罪という観点からみると、強盗罪（刑法236条1項）の行為に該当することは間違いないが、船舶を丸々強取するということになると、単なる財産罪たる強盗で予定しているものを超える部分がある。なぜなら、船舶の運航に関わるので、「又は」という文言で結ばれている以上、この両者は、おそらくかなり密接な関係にあると考えられるからである。そうすると、「航行の安全」という観点も加味すると、日本の刑法解釈論からすれば、艦船覆没・破壊罪（刑法126条2項）という犯罪類型も、この中に盛り込まれているのではないか、と考えられる。

つぎに、2号では、「暴行若しくは脅迫を用い、又はその他の方法により人を抵抗不能の状態に陥れて、航行中の他の船舶内にある財物を強取し、又は財産上不法の利益を得、若しくは他人にこれを得させる行為」と規定されている。前段の行為を「船舶内財物強取罪」、後段の行為を「不法利得罪」と呼ぶことができる。

船舶内財物強取罪の前半の「暴行若しくは脅迫を用い、又はその他の方法により人を抵抗不能の状態に陥れて」という文言は理解できるとしても、後半の「船舶内にある財物を強取し」という文言については、やや問題が生じる。なぜなら、この行為も、1号の場合と同じく強盗行為に近く、この部分は国内法でも強盗罪（刑法236条1項）で対応できると思われるからである。したがって、2号との関係の行為は、国内法でも対応しやすい。要するに、国内法では強盗

罪も適用でき、かつ、海賊対処法も適用できるという場合には、いわゆる罪数論の問題として考え、観念的競合（刑法54条前段）を適用して、裁判では科刑上一罪となるであろう。ただし、捜査ないし逮捕の際には、二罪で対応することになるであろう。

　不法利得罪の「財産上不法の利益を得、若しくは他人にこれを得させる行為」の内実も、刑法典のいわゆる2項強盗罪の解釈と呼応すると考えられる。すなわち、「財産上不法の利益」とは、「利益自体が不法であることを意味せず、財産上の利益を不法に移転させることを意味する」[12]。したがって、例えば、海賊が、乗組員からキャッシュカードを強取した後に暗証番号を聞き出すか、またはその他の財産情報を得て利益を移転させる行為もこれに含まれる。

　なお、海賊対処法と刑法典との関係をここで確認しておくと、刑法典が一般法、海賊対処法は特別法である。一般的に特別法は一般法に優先する。しかし、海賊対処法は、刑法典を超える部分もあり、基本的性格として、海賊対処法は、刑法典の特別法でもあるし、さらに刑法典で賄いきれない内容の規定も含んでおり、刑法典を補充するという意味で補充的性格も有しているので、いわば二重の性格があるものと考えられる。ただし、この2号については、強盗行為であることから、刑法典の強盗罪と海賊対処法のこの規定がまさに科刑上一罪として観念的に競合するわけである。

　3号では、「第三者に対して財物の交付その他義務のない行為をすること又は権利を行わないことを要求するための人質にする目的で、航行中の船舶内にある者を略取する行為」と規定されている。この「人質目的略取罪」は、「海賊人質強要罪」の前段階に位置する目的犯としての犯罪類型であり、刑法典に照らせば、略取・誘拐の罪（刑法225条の2）にあたる可能性があるし、同時にそれが海賊対処法のこの罪にも該当しうる。しかし、この刑法典の罪は一般法であり、競合する場合は、特別法たる海賊対処法上の本罪を優先適用することになる。

　4号では、「強取され若しくはほしいままにその運行が支配された航行中の他の船舶内にある者又は航行中の他の船舶内において略取された者を人質にし

---

[12] 西田 2012, pp.173-174.

て、第三者に対し、財物の交付その他義務のない行為をすること又は権利を行わないことを要求する行為」と規定されている。この行為こそ、「海賊人質強要罪」とでも呼ぶべき海賊行為の典型類型である。この行為も、人質を前提としていることとの関係で考えると、刑法典の強要罪の域を超えており、3号の海賊人質強要罪と同様、海賊行為特有の性格がかなり出ていると言えよう。このような点が、本罪の特徴を表していると考えられる。

　1977（昭和52）年に起きたダッカ事件（日本人の過激派による航空機乗っ取り事件）を契機に、1978（昭和53）年、「人質による強要行為等の処罰に関する法律」（人質強要行為処罰法）が制定されたが、1987（昭和62）年、「人質をとる行為に関する国際条約」（人質禁止条約）が批准されたことに伴って同法は改正されている。人質強要行為処罰法1条は、「人を逮捕し、又は監禁し、これを人質にして、第三者に対し、義務のない行為をすること又は権利を行わないことを要求した者は、6月以上10年以下の懲役に処する。」と規定する。したがって、この規定からも推測できるように、海賊人質強要罪は、人質強要行為処罰法の犯罪類型を海賊行為に応用して補足する意味合いがあると考えられるものである。さらに言えば、この4号の行為こそ、海賊行為の特徴を示す犯罪類型である。なぜなら、そこで「運航を支配された場合」には、船外に脱出困難であるという海上事犯・船舶事犯の特徴があるからであり、陸上事犯のように、他のところに脱出できる可能性があるかというと、公海上でおそらく船から脱出することができるのは、よほど特殊な潜水能力ないし遠泳能力を有する人に限られ、通常は、救助用の小舟が特別に準備されていないかぎり脱出できないであろうからである。かくして、海賊人質強要行為は、刑法典に照らせば、略取・誘拐の罪（刑法225条の2）に当たる可能性があるし、同時にそれが海賊対処法のこの罪にも該当しうる。あるいは、日本の刑法解釈論からいくと、義務のないことを人に行わせる行為は、強要罪（刑法223条1項）にも該当する可能性がある。しかし、これらの刑法典の罪は、一般法であり、特別法たる海賊対処法上の海賊人質強要罪を優先適用することになる。

　以上の1号から4号までの行為は、後述の4条の規定から明らかなように、死傷結果を伴いうる行為であることから、海賊対処法の中でも重い刑が予定された行為内容と言える。

5号では、「前各号のいずれかに係る海賊行為をする目的で、航行中の他の船舶に侵入し、又はこれを損壊する行為」と規定されている。この「海賊目的艦船侵入罪」も、刑法典との関係では、「船舶に侵入」する行為であるから、刑法典の住居（艦船）侵入罪（刑法130条）という規定と競合しうる。また、「艦船を損壊する行為」も、基本的には建造物（艦船）損壊罪（刑法260条）の財産罪と競合しうる。ただし、後述のように、「損壊」の射程範囲が問題となる。損壊と破壊は、刑法解釈論上、異なる。当該行為が「破壊」に至ると、刑法126条2項の艦船覆没・破壊罪という規定に該当しうる。これは、社会法益に対する罪であり、死亡した場合には死刑まで予定されている非常に重い罪である（刑法126条3項参照）。したがって、この5号の規定がそこまで重い範疇に入るのか否かが、解釈論の課題となる。例えば、加害船舶たる海賊船が強行接舷して被害船にぶつかり船首部分が破壊された場合、単なる部分的な損壊であれば、財産犯たる艦船損壊罪（刑法260条）を適用すればよいが、航行に支障を来すほどの損壊となれば艦船破壊罪（刑法126条2項）となり、公共の危険との関係で社会法益を害することにもなり、その場合に海賊対処法2条5号で対応するのか、それに加えて刑法126条2項の艦船破壊罪を適用するのかは、重要な問題となる。なぜなら、その結果、被害者が死亡した場合、刑法126条3項の艦船破壊致死罪が適用されることになるが、後者では法定刑として死刑も予定されているからである。もっとも、海賊対処法4条でも死刑を予定しているので、いずれにせよ、死刑の適用問題が絡むと、後述のように、裁判管轄をめぐる国際法上の問題も出てくるであろう。ただ、少なくとも刑法解釈論上は、そういう場合、艦船覆没・破壊致死罪（刑法126条3項）を別途適用できるケースがありうると考える。

6号では、「第1号から第4号までのいずれかに係る海賊行為をする目的で、船舶を航行させて、航行中の他の船舶に著しく接近し、若しくはつきまとい、又はその進行を妨げる行為」と規定されている。この「海賊目的接近・つきまとい・進行妨害罪」は、海賊行為の常套手段としてまずは用いられる行為である。「接近」とか「つきまとい」という行為であれば、ソマリア沖やマラッカ海峡だけではなくて、いろいろなところでこういう事件が起きている。では、この射程範囲は、どこまでか。海賊対処法は、ソマリア沖の海賊対策のためだ

けにできたわけではないので、例えば、南氷洋での捕鯨調査船の妨害行為を行う船舶が接近してきて、「つきまとい」行為が現に行われているわけであるが、それが「私的目的」であった場合、こういう行為にもこの規定が適用可能かどうかは、検討課題だと思われる。航行の安全が害されることは間違いないわけで、これは、日本だけの問題ではないと思われる。いろいろな国で海賊への対処として国内法化が進んでいると思われるので、それらを比較分析して、「私的目的」での悪質なつきまとい行為、接近、接舷行為、こういう行為が海賊対処法の射程範囲にあるというような国際レベルでの合意ができれば、解釈論として、この規定を適用してもよいのではないかと考えられる。もちろん、特別に合意がなくても、一定の明白な行為の場合、罪刑法定主義を逸脱しない範囲であれば、少なくとも理論的には適用が不可能ではない。

7号では、「第1号から第4号までのいずれかに係る海賊行為をする目的で、凶器を準備して船舶を航行させる行為」と規定されている。この「海賊目的凶器準備集合罪」も、刑法典の凶器準備集合罪（刑法208条の3）と競合すると考えられる。

3 海賊対処法3条・4条の解釈をめぐる諸問題

以上が、海賊対処法3条の犯罪類型の前提となる定義規定であるが、3条は、それらの定義を受けて、それぞれの違反行為を処罰する規定である。以下、前述した部分と重複する部分を避けてポイントを述べる。

3条1項では、「前条第1号から第4号までのいずれかに係る海賊行為をした者は、無期又は5年以上の懲役に処する。」と規定されており、1号（船舶強取行為・運行支配行為）、2号（船舶内財物強取行為・不法利得行為）、3号（人質目的略取行為）、および4号（海賊人質強要行為）については、未遂も処罰する（同条2項）。こうした規定内容から、これらの行為類型の重さが看取できる。

グアナバラ号事件では、海賊らは、タンカーに狙いを付けると、自動小銃を発射しながら船員らを威嚇するように接近し、サブリーダーを含む共犯者2名と共に乗船後、レーダーマスト等を自動小銃で破壊した上で、操舵室内に押し入って操舵装置を動かし、さらに、施錠されたドアをバールでこじ開けながら艦内奥深くまで船員らを捜し回ったり、船長室ドアに向けて自動小銃を発砲したのであるから、船舶運行支配罪が予定する「ほしいままに運航を支配する」

という海賊独自の運航支配の行為類型にあたり、実質的な客観的危険性が認められ、本罪の未遂罪は成立するといえよう。

　3条3項では、海賊目的艦船侵入行為・海賊目的艦船損壊行為および海賊目的接近・つきまとい・進行妨害行為については、「前条第5号又は第6号に係る海賊行為をした者は、3年以下の懲役に処する。」と規定されている。海賊目的での「接近」とか「つきまとい」という行為は、海上ではしばしば発生しており、前述のように、民間の「環境保護団体」と称する船舶が船舶調査船に対してこの種の行為を行った場合、本罪の規定の適用の余地もありうる。もっとも、背後に国家ないし一定の政治団体が控えている場合には、微妙な問題を含むことになるかもしれない。それからもう一点は、不審船の問題がある。不審船も、旗国主義との関係で、国旗を揚げていない不審船が日本近辺にはしばしば出回ることがあるが、これも、ある種の国家の使命を帯びているという事情が背景にあることがある。そうすると、公的目的と私的目的の区別は一体どこでつくのか、という課題が出てくる。それを海賊と呼んでよいのかどうか、解釈論上ひとつの重要な課題であろう。

　なお、3条4項では、海賊目的凶器準備集合罪に関して、「前条第7号に係る海賊行為をした者は、3年以下の懲役に処する。」とやや軽い刑が規定されている。また、「ただし書き」では、「第1項又は前項の罪の実行に着手する前に自首した者は、その刑を減軽し、又は免除する。」という自首に基づく必要的減軽の規定もある。この点について、解釈論上、大きな問題はない。

　4条1項は、「前条第1項又は第2項の罪を犯した者が、人を負傷させたときは無期又は6年以上の懲役に処し、死亡させたときは死刑又は無期懲役に処する。」と規定し、未遂も処罰される（4条2項）。ここで重要な点は、死刑が規定されている点である。海賊対処法の場合、どこに最終的な裁判地を持っていくか、という課題が出てくるわけである。アメリカの一定の州を別として、多くの先進国では、ヨーロッパを中心に死刑を廃止しており、したがって、「日本に裁判地をもって行くと死刑の規定があるから、犯罪者を日本に引き渡してよいのかどうか」という問題が犯罪捜査実務上は出てくるかもしれない。グアナバラ号事件は、死刑に値する事件ではなかったという事情もあるので、この点は問題にならないが、もし死刑に相当する行為を行った海賊の身柄を拘束して

日本に移送すべきか、という事態に直面したときに、この問題が出てくる可能性がある。もちろん、死刑の規定が残っている国は他にも点々とあるので、日本だけの問題ではない。したがって、世界的には法定刑のバランスという点が、海賊対処法の運用上、実際に裁判地を選ぶときに問題になる可能性がある。

　それから、前述の刑法126条2項の艦船破壊罪との関係で、艦船破壊罪に海賊対処法2条5号の「損壊」が含まれるか、という点は、やはり詰めておく必要がある。例えば、船首部分や操舵室を著しく損壊した場合のように、少なくも航行の安全に支障を来すほどの損壊を与えれば、刑法126条2項に規定する「破壊」に該当すると考えられ、不特定または多数人の生命・身体という「公共の安全」に危害を及ぼすことになり、単なる艦船損壊罪という財産罪では済まないことになる[13]。したがって、2条5号の射程範囲が公共危険罪としての性格を一体どこまで含んでいるのか、その有権解釈の範囲を関係者は今後詰めておくべきであろう。

4　海賊対処法9条の解釈をめぐる問題

　刑法解釈論上、もう1点、海賊対処法で重要なのが、公務執行妨害罪（刑法95条）の適用を認める5条の規定である。すなわち、「第5条から前条までに定めるところによる海賊行為への対処に関する日本国外における我が国の公務員の職務の執行及びこれを妨げる行為については、我が国の法令（罰則を含む。）を適用する。」という明文が規定されたのである。これは、大きな意義がある。なぜなら、従来、公海上での取締りに際して、公務執行を妨害されても、公務執行妨害罪を適用できるか否かは、解釈に委ねられ、実際上は国際法に基づく継続追跡権が認められる場合等に限定されていたが、この明文規定により、海賊行為に対して適正な公務の執行が保障されたことになるからである。この規定がないと、海賊対処法は「絵に描いた餅」になってしまう。

　また、これと関連して、海上保安官・海上保安官補に対して、海上保安庁法20条1項において準用する警察官職務執行法7条の規定により武器を使用する場合のほか、「現に行われている第3条第3項の罪に当たる海賊行為（第2条第6号に係るものに限る。）の制止に当たり、当該海賊行為を行っている者が、他の

---

　(13)　甲斐2001, pp.208-.

制止の措置に従わず、なお船舶を航行させて当該海賊行為を継続しようとする場合において、当該船舶の進行を停止させるために他に手段がないと信ずるに足りる相当な理由のあるときには、その事態に応じて合理的に必要と判断される限度において、武器を使用することができる。」と認めた点も重要である。なぜなら、この保障がないと、公務執行に際して、素手で海賊に立ち向かうことを余儀なくされるというジレンマに陥るからである。

おわりに——海賊対処法の今後の課題

　海賊対処法の成立・施行は、普遍主義という観点で実定法上のしかるべき地位を与えられたということ、そして海上警察機関としてその執行を担う海上保安官に一定の権限が与えられたということを意味するのであり、これは海賊への対処として非常に意義深いと考えられる。これで、国際法上も国内法上も、長年の懸案であった海賊行為に対して職務執行が適正にできることになった。経済活動の多くを海運に依存する日本にとって、経済的側面から見ても、海賊対処法の成立は、大きな意義がある。

　しかし、日本の国内法をいかに厳密に整備しても、行為者にはその法律の内容が理解できていない場合も想定される。海賊対処法は1国だけの問題ではなく、国連海洋法条約に基づいて、今後、より多くの国でこの種の国内法の整備が進むことを期待せざるをえない。また、国際刑法という観点からみると、普遍主義あるいは世界主義というものについて今後どこまで適用していくか、という問題がある。海賊対処法を超えて一般化すると、薬物犯罪、悪質な企業犯罪、奴隷取引等、いろいろな問題が考えられる。いずれの問題も、国境を越える犯罪であるがゆえに、国家間の協働、国家と民間の協働等々、各種の協働に基づいて解決を迫られるものと位置づけられる。その際には、「海洋航行の安全に対する不法な行為の防止に関する条約（SUA条約）」（1988年3月10日作成、1992年3月1日発効。日本については1988年7月23日発効）の趣旨などを考慮して理論構築をすべきであろう。いずれにせよ、海賊対処法は、国際刑法全体からしても、今後の議論を展開するうえでひとつの大きな契機を与えるものだと考えられる[14]。

主要参考文献・資料

安藤貴世, 2010,「海賊行為に対する普遍的管轄権──その理論的根拠に関する学説を中心に」『国際関係研究』(日本大学) 第 30 巻 2 号, pp.47-55.
飯田忠雄, 1967,『海賊行為の法律的研究』(海上保安研究会).
逸見真, 2009,「国際法における海賊行為の定義」『海事交通研究』 第 58 集, pp.73-90.
岡野正敬, 2009,「海賊取締りに関する国際的取り組み」『国際問題』第 583 号, pp.34-48.
甲斐克則, 2001,『海上交通犯罪の研究』(成文堂).
甲斐克則, 2012,「海賊対処法の意義と課題」『海事交通研究』第 61 集, pp.13-22.
甲斐克則, 2015,「海賊対処法の適用に関する刑法上の一考察」『野村稔先生古稀祝賀論文集』(成文堂), pp.523-544.
北川佳世子, 2014,「海賊対処法の適用をめぐる刑事法上の法的問題」『川端博先生古稀記念論文集［下巻］』(成文堂), pp.551-578.
坂元茂樹, 2012,「普遍的管轄権の陥穽──ソマリア沖海賊の処罰をめぐって」松田竹男ほか編『現代国際法の思想と構造Ⅱ』(東信堂), pp.156-192.
瀬田真, 2013,「海賊行為に対する普遍的管轄権の位置づけ──管轄権の理論的根拠に関する再検討」『早稲田法学会誌』第 63 巻第 2 号, pp.119-164.
瀬田真, 2016,『海洋ガバナンスの国際法』(三省堂).
ソマリア沖・アデン湾における海賊対処に関する関係省庁連絡会議, 2014,『2013 年海賊対処レポート』.
鶴田順, 2009,「海賊行為への対処」『法学教室』第 345 号, pp.2-3.
鶴田順, 2011,「急増する海賊行為、日本はどう対応するか」『世界』 2011 年 8 月号, pp.29-32.
鶴田順, 2014,「ソマリア海賊事件──海賊対処法の適用」『ジュリスト』第 1466 号 (平成 25 年度重要判例解説) pp.286-287.
中谷和弘, 2009,「海賊行為の処罰及び海賊行為への対処に関する法律」『ジュリスト』第 1385 号, pp.62-68.
山田吉彦, 2009,「海賊の変遷」『海事交通研究』第 57 集, pp.23-34.

---

(14) 瀬田 2013, pp.144-145 は、国際法の視点からではあるが、その方向性を探る。なお、瀬田, 2016 は、オーシャン・ガバナンスという斬新な視点から問題提起をしており、国際刑法を研究するうえでも示唆深い。

第2章　刑法における国内犯と国外犯

北川　佳世子

はじめに

　本章では、日本の刑法が適用される場所的範囲の問題として、国内犯と国外犯の問題を取りあげる。まず、**第1節**において刑法の場所的適用範囲の原則となる刑法1条の趣旨を明らかにし、**第2節**において国外犯処罰規定とその原理を説明する。そのうえで、**第3節**では犯罪地の決定基準とその決定にあたって問題が生じるケースを検討し、**第4節**では国外犯処罰の規定形式の問題を取り扱い、**おわりに**では刑事管轄権の行使と調整について言及する。

第1節　国内犯

1　刑法1条1項と属地主義

　犯罪が行われた場所（犯罪地）の法で裁かれ、外国で行われた犯罪には外国の法を適用すべきであるとするのが近代国際社会の一般的原則である。これは、国家の領域主権に基づいて刑罰権の効力を認めるものであり、自国領域内において発生した犯罪については、自国民、外国人の区別なく、すべての者に自国の刑法を適用するという立場を**属地主義**というが、日本の刑法もこの考え方を採用し、1条1項にその旨を規定している[1]。

　なお、日本国内に在る外国の外交官や在日アメリカ軍の構成員等に日本の裁判権が及ばない場合があるのは、訴訟条件が欠けることによるのであって、日

---

(1)　花井 1923, p.2121.

本の刑法の適用自体が排除されることによるわけではない。したがって、これらの者が行った行為についても犯罪自体は成立しているため、これらの者との共犯は成立するし、これらの者に対する正当防衛は可能なのである[2]。

2　刑法1条2項の意義

(1)　**旗国主義**　他方、かりに属地主義を厳格に貫き、自国の領域外で罪を犯した者には自国の刑法を一切適用しないということになれば、いくつかの不都合が生じる。

まず、いずれの国家の主権にも服さない公海上で行われた犯罪は、公海上であることを重視する限り、どの国の規制にもかからず、船舶や航空機内の安全、秩序を図るのも難しい事態に陥りかねない。さらに、国境を越えて移動する船舶、航空機といった移動体の場合、航行する場所が随時変わっても、その内部で発生する事実に対して常に特定の法令を一元的に適用するのが望ましい[3]。こうした考慮から、船舶等の旗国に管轄権を与えて旗国の法を適用し、その内部的安全と秩序を保つ必要があるという考え方を**旗国主義**という。かつては、自国船舶等に対して自国の法を適用するのは自国船舶を浮かぶ領土とみなすからだとする別の考え方（浮かぶ領土理論）もあった。しかし、船舶に旗国の管轄が及ぶことを認めても属地主義と全く同様なわけではなく、外国の領海にあってはその国の管轄権の適用を当然に排除できるわけではないこと（外国船舶の無害通航権は保障される一方、一定の必要に応じて沿岸国の法令が適用される場合や入港・停泊中の外国船舶に対して沿岸国の刑事管轄が及ぶ場合等がある）等に鑑みれば、このような理解は適切ではない[4]。日本の刑法制定過程では旗国主義が採用されており[5]、刑法1条2項において日本国外にある日本船舶または日本航空機内において罪を犯した者を「国内犯」として刑法を適用する旨が定められている。

(2)　**日本船舶内の意義**　ところで、刑法1条2項にいう「日本船舶内」の解釈について、戦前の大審院判例の中には、漁業法令に違反した操業が公海上で

---

(2)　古田 2004, p.80.
(3)　山本 1991, p.173.
(4)　山本 1991, pp.172 -.
(5)　花井 1923, p.2121.

行われたとしても、それが帝国船舶によって行われたのであれば、帝国船舶内において罪を犯したものにあたり、国内犯として処罰することができるとした例（大審院判決1929〔昭和4〕年6月17日、刑集8巻357頁）がある。しかし、後の北島丸事件（最高裁決定1970〔昭和45〕年9月30日、刑集24巻10号1453頁）や第2の北島丸事件（最高裁判決1971〔昭和46〕年4月22日刑集25巻3号451頁、492頁）、ウタリ共同事件（最高裁決定〔1996年3月26日〕、刑集50巻4号460頁）では、最高裁は、旧ソ連が統治権を及ぼしていた海域において日本船舶が違法操業を行った場合の日本の刑罰法規による処罰の可否を、刑法1条2項の日本船舶内の犯罪だとする解釈によらずに、漁業法令の各種規制の効力は漁業調整の見地から日本国民の領海外の違反行為（国外犯）にも及ぶという観点から解決している[6]。旗国主義の見地からすれば、漁業法令に違反した操業は船舶内部の秩序や治安の維持とは無関係のことなので、刑法1条2項の立法趣旨を逸脱するため、前出の大審院1929年判決は支持し難い[7]。また、この大審院判決のような見解を敷衍すれば、他国の領海内で外国人が自国船舶を手段にして犯罪を行った場合も自国の刑法が適用されうることになり、他国の属地的な管轄権との衝突を不要に拡大する懸念もある。ゆえに、国外に在る日本の船舶による犯罪の場合は、旗国主義の考慮に基づいて国内犯とする範囲を適切に画するべきである。そのうえで、場合に応じて属地主義に基づく沿岸国の管轄権行使との調整も必要となる場合があることに留意しなければならない[8]。

3　EEZ・大陸棚上の人工島等の扱い

排他的経済水域または大陸棚における人工島、施設および構築物上で行われた犯罪についても、日本の刑法の適用が及ぶかが問題になるところ、排他的経済水域及び大陸棚に関する法律（EEZ法）3条2項により、これらは国内に在るものとみなして、日本の法令が適用される。もっとも、その適用にあたっては、海洋法に関する国際連合条約（国連海洋法条約）に則り、同法に係る水域がわが国の領域外にある特別の事情が考慮される（EEZ法3条3項）。なお、EEZ

---

(6) もっとも、いずれの最高裁決定・判決も、高度に政治的な北方四島の領有問題には触れずに事件を処理している。
(7) 石毛1994, p.131.
(8) 石毛1994, p.131.

法3条1項4号により、同法に係る水域における日本の公務員の職務の執行を妨げる行為にも日本の刑法が適用されるが、これは後述（第2節 5）の特別法による国外犯処罰規定にあたる（領海及び接続水域に関する法律5条も同じ[9]）。

第2節　刑法の域外適用（国外犯）

1　保護主義に基づく国外犯（2条）

　他国の主権が及ぶ領域内（外国）で行われた犯罪についても、自国の刑法を適用する必要が生じる場合がある。たとえば、外国において日本政府に対するクーデターが企てられた場合や日本の通貨が偽造、行使されるといったケースを想定すれば、たとえ外国における行為であっても、（当地の法益ではなく）日本の国益または重要な社会的利益が侵害され、国家統治に重大な影響を及ぼすおそれがあるため、国家や日本社会の重要な利益を保護するために日本の刑法を適用する必要が生じる。かたや、このような場合に日本の法で処罰することにしても、外国の主権を侵害することにはならないであろう（もっとも、こうした場合でも、後述**おわりに**のように、外国に在る犯人に対する捜査権の行使には別の制約が働くことには注意を払う必要がある）。このように、自国の重大な権益を守るために、犯人の国籍も犯罪地も問わず、自国の法を適用するという考え方を**保護主義**という。日本の刑法も、2条において列挙された罪については、この保護主義の見地から、何人を問わず、国外犯であっても処罰することを規定し、属地主義のみでは十分に達しえない日本の法益保護を図っている。

2　積極的属人主義に基づく国外犯（国民の国外犯；3条、4条）

　さらに、自国民が犯した犯罪であれば、たとえそれが国外で犯された場合であっても自国の刑法の適用が許容される場合がある。国家が法の支配を自国を離れた自国民にも及ぼすことによって自国の法益や法秩序を維持する必要があ

---

[9]　なお、領海及び接続水域に関する法律3条により、公海上の外国船舶上においてなされた、わが国の領海から追跡権行使中の海上保安官に対する職務執行を妨げる行為にも、日本の刑法が適用される（その例として、長崎地裁判決1998〔平成10〕年6月24日、判時1648号158頁〔第三満久号事件〕）。海上での海上保安官の職務の執行に対する妨害行為については、大塚1998, pp.427-、鶴田2010, pp.2- も参照。

る場合である（さらに、国民の国外犯規定を、外国で罪を犯した自国民が自国に逃亡した場合に自国民不引き渡しの原則から自国が外国に代わって処罰するための規定であると理解する立場〔代理処罰説〕もある）。このような場合、国家は、自国民に対して、犯罪地を問わず、自国の法を適用できる（**積極的属人主義**）。日本の刑法も、刑法3条に列挙された罪については、日本国民による犯罪が日本社会に及ぼす影響（他方、代理処罰説によれば、どの国でも処罰の対象となる普遍的な犯罪が前提となる）を鑑みて、日本国民であれば、国内外を問わず、処罰することとし、国民の国外犯を規定している。

なお、日本の公務員による国外犯を処罰する刑法4条の性格については、この規定を属人主義の見地から説明することもできるが、同条に列挙された罪種および刑法の役割が主として法益保護にあることに鑑みて、同条を公務員の職務執行に関連して、国の内外を問わず、日本の国益を損なう行為を禁止するために設けられた規定であるととらえて、保護主義の見地から説明すること（あるいは併用）も可能である。

3　日本国民に対する犯罪と国外犯（3条の2）

さらに、2003（平成15）年の刑法改正で、国外に在る日本国民を保護するための国外犯処罰規定（3条の2）が追加された。在外邦人を被害者とする犯罪を処罰する規定は、戦前に存在した（旧3条2項）ものの、1947（昭和22）年に戦後新憲法下の国際協調の精神から犯罪地国に処罰を委ねるべきという理由でいったん削除されていた。しかし、2002年に起こったタジマ号事件を1つの契機として、規定の必要性が議論され、対象犯罪を日本国民に対する人身関連犯罪に絞って規定を復活させたものである。

タジマ号事件は、公海上において、日本企業の便宜置籍船（税制等の理由からその船の事実上の船主の所在国とは異なる国に船籍を置く船舶であり、タジマ号の船籍はパナマにあった）内で、フィリピン人が日本国民を殺害した（その後、同船は日本に入港した）という事件であり、当時、旗国のパナマ以外に犯人を処罰する規定や権限をもつ国はなかったうえ、パナマの対応も鈍く、事件処理が難航したという経緯があった。このように、被害者が日本国民であり、かつ日本の官憲による捜査が可能であるにもかかわらず、旗国等の要請がない限り日本は介入できないという不都合を解消し、海外で活躍する日本国民が増えるにつれ、

日本国民に対する人身犯罪（とくに国籍を理由として日本国民を狙うケースは最たるものであろう）等にも適切に対応できるよう、日本国民の生命・身体を保護するために（**自国民保護主義、消極的属人主義**）、日本国民以外の者の国外犯を処罰する規定が設けられたのである。

4　世界主義（普遍主義）と国外犯（4条の2）

さらに、刑法4条の2では、「条約による国外犯処罰」が定められている。これは、国際社会が協力して対処すべき犯罪（各国に共通する一定の法益の保護）のために、犯人の国籍も犯罪地も問わず、自国の法を適用するという**世界主義・普遍主義**の観点から、1987（昭和62）年に刑法に追加された規定である。条約の中には、締約国に一定の行為を犯罪化して処罰することを義務づける場合がある。この場合、国際社会全体の利益や諸国共通の法益を保護するために、条約が一定の行為を犯罪と定めるのであるから、犯人が処罰を免れることのないよう各国が協力する必要がある。そこで、犯罪が国外で行われた場合も、犯人が自国内に所在する締約国に、自国で裁判を行い処罰するか、そうでなければ犯人を関係国（犯罪地国や犯人・被害者の国籍国等）に引き渡すかのいずれかを選択するよう条約で義務づけるのである。

ところで、条約によって犯罪と規定された行為には、①刑法各則上の罪に該当し、しかも2条から4条により国外犯として列挙されている罪の場合、②刑法各則上の罪には該当するが、2条から4条に列挙されていない場合、③特別法上の罪に該当し、しかも国外犯処罰規定がある場合、④特別法上の罪に該当するが、国外犯処罰規定がない場合、⑤従来は犯罪とされてこなかった場合、がある。新たに条約を締結する際に、①と③の場合は既存の国内法をそのまま適用すればすむが、⑤の場合は新たな立法が必要になる。②と④の場合も、4条の2がなければ、新たに国外犯規定を設ける必要があるが、条約上の義務を果たすのに国外犯処罰規定を追加するだけのために個別に逐一立法作業を行うのは煩雑にすぎる。これに対して、同条が存在することによって、条約による犯罪化と日本の刑法が自動的に調整され、迅速な対応が可能になるのである。4条の2が、第2条から前条までに規定するもののほか、「この法律は、日本国外において、第2編の罪であって条約により日本国外において犯したときであっても罰すべきものとされているものを犯したすべての者に適用する」と規定

する部分を**包括的国外犯処罰規定**と称しており、また、特別法上は、「第○条から前条までの罪は、刑法（明治四十年法律第四十五号）第四条の二の例に従う」等と規定される。特別法の例としては、人質による強要行為等の処罰に関する法律5条や暴力行為等処罰ニ関スル法律1条ノ2第3項をはじめ、近年では、公衆等脅迫目的の犯罪行為のための資金等の提供等の処罰に関する法律7条や放射線を発散させて人の生命等に危険を生じさせる行為等の処罰に関する法律8条等のテロ関連条約の国内法制化の際に採られる規定形式であり、日本国について効力を生ずる条約により日本国外において犯したときであっても罰すべきものとされる罪に限り適用されるものである。

5　特別法による国外犯処罰

　刑法の総則規定による国外犯処罰以外にも、特別法に基づく国外犯処罰がある。一般に、特別法の刑罰規定にも、刑法8条により刑法の総則規定が適用されるが、同条ただし書により、特別法に規定があるときは国外犯を処罰できる。その場合、たとえば、覚せい罪取締法41条の12のように、「第○条の罪は、刑法第2条の例に従う」といった国外犯を処罰する明文規定が置かれるのが通例である。しかし、判例上（**第3節1**）、そのような規定形式でなくても、国外犯を処罰することが法の趣旨、目的から明らかであるとされる場合もある。

　特別法の国外犯処罰規定の性格については、たとえば、第2の北島丸事件等で問題になった漁業法令のように積極的属人主義に基づくもの、銃砲刀剣類所持等取締法の輸入未遂の国外犯規定のように保護主義に基づくもの、覚せい剤取締法等の薬物規制法上の国外犯規定のように世界主義に基づくもの等、それぞれの法令の趣旨、目的に基づく。

6　公海上の海賊処罰

　2009（平成21）年に制定された海賊行為の処罰及び海賊行為への対処に関する法律（海賊対処法）では、国連海洋法条約（100条以下）に則して、一定の行為を海賊行為と定め、犯人の国籍を問わず、公海上においても海賊行為を規制し、処罰できる規定が設けられた。これにより、本法律制定以前の海上警備行動では日本に関係する船舶のみが防護・規制の対象であったのに対してその限度が撤廃され、海賊行為に対してより効果的に対処することが可能になった。本法律による公海上の海賊処罰規定は、上述の特別法による国外犯処罰にあた

り、公海上の旗国主義の例外をなす、国際法上認められた普遍主義に基づく規定である（ただし、国連海洋法条約100条は、各国に海賊行為に対する刑事裁判権設定義務まで課すものではない）。

第3節　国内犯処罰規定で対応できる範囲

1　犯罪地の決定基準

ところで、刑法1条1項にいう「日本国内において罪を犯した」として国内犯として処罰される場合はいかなる範囲かが問題になる場合がある。上述のように、刑法をはじめとした刑罰法規の適用は属地主義を原則とし、国内犯処罰では十分対応できない特定の場合を補う形で国外犯にも自国の刑法を適用する場合を認めるものであり、国外犯ならば処罰規定がなければ処罰できない。それゆえ、とくに国外犯処罰規定を欠く犯罪の場合に日本国内における犯罪にあたるか否かが争われるのである。

犯罪地の決定について、判例および通説によれば、「日本国内において罪を犯した」とは、犯罪を構成する全事実が、すなわち犯罪の実行行為が開始されてから結果発生に至る全過程が、日本国内で実現したことまで要しない。つまり、結果は国外で発生しても犯罪行為は国内で行われた場合、犯罪行為は国外で行われても結果は国内で発生した場合は、ともに国内犯にあたると解されている（遍在説）。これに対して、行為地のみまたは結果地のみを基準にする考え方（行為地説、結果地説）もあるが、国境にまたがる犯罪（越境犯罪）の存在とそのような犯罪の各国に対する影響や取締りの必要性を考慮すれば、遍在説が実際的な考え方である。

裁判例では、領海外を航行中の外国船舶に火災が発生した場合も、失火罪の構成要件の一部である過失行為が日本の港内で行われた以上は国内犯であるとした例（大審院判決1911〔明治44〕年6月16日、刑録17輯1202頁）や、公海上でも日本船舶の船底弁を引き抜き海水を船内に浸入させて人の現在する船舶を覆没させた行為については、刑法1条2項により同法126条2項（艦船覆没罪）の適用（国内犯）があるとした例（最高裁決定1983〔昭和58〕年10月26日、刑集37巻8号1228頁〔第3伸栄丸事件〕)[10]）がある。このほか、外国船舶が過失により

日本船舶と衝突事故を起こした場合に、かりに衝突場所が日本の領海外であったとしても、犯罪構成事実の一部である艦船破壊や致傷の結果が日本船舶内で発生したことにより刑法1条2項の定める場合にあたると説示された例もある（大阪高裁判決1976〔昭和51〕年11月19日、刑月8巻11・12号465頁〔テキサダ号事件〕参照。なお、本件では衝突地点の海域が日本の内水であるか否かが争われた結果、日本の内水と解されると判断されているので、この判断のみによっても国内犯にあたる事例である）。もっとも、公海上の船舶の衝突その他航行上の事故の場合は、条約により、捜査、訴追が制限されることに注意しなければならない（後述おわりにを参照）。

2 共犯と犯罪地

共犯（教唆、幇助）の場合、実行行為者（正犯）の犯罪地は共犯者全員の犯罪地となるが（最高裁決定1994〔平成6〕年12月9日、刑集48巻8号576頁）、共犯者の犯罪地は正犯者の犯罪地とはならない。他方、共犯が国内で幇助を行って国外で正犯が実行した場合の共犯を国内犯として処罰できるかにつき、とくに正犯の犯罪が国外では犯罪にならない場合に問題になるが、刑法の場所的適用を犯罪の成否の問題に位置づけ、かつ共犯は独立して処罰されるわけではなく正犯の実行に従属するという見地からは、否定的に解されることになる[11]。

共謀共同正犯の場合は、「共謀」自体が犯罪構成要件事実の一部であると解されることから、共謀が国内で行われれば、実行行為自体は国外で行われても国内犯にあたる（日本船舶内で偽造証拠行使を共謀した上、日本国内への送信行為が外国で行われた事案につき、仙台地裁気仙沼支部判決1991〔平成3〕年7月25日、判タ789号275頁）。

3 未遂や抽象的危険犯

遍在説に依拠した場合、犯罪構成要件事実の一部が国内で実現すれば国内犯にあたることを広く（形式的に）理解すれば、国内犯の範囲が大幅に拡大する。

---

(10) なお、この事例につき、遍在説によれば、船底弁を抜くという艦船覆没の実行の着手が日本船舶内で行われた点だけで国内犯にあたると解することができる一方、旗国主義に立っても結果地説によっても、前述の旗国主義の観点から説明が可能で支持できる判例である。愛知1985, p.85、坂井1987, p.354参照。

(11) もっとも、これと異なる見解として、古田2004, p.80.

したがって、国内犯を処罰するのは、犯罪の一部をなす行為や結果により国内で法益侵害や危険が生じるためであることを確認しつつ、国内犯にあたるか否かの判断を下す必要がある。

たとえば、従来の通説によると、国外で毒物を投与された被害者が国内で発症し、国外で死亡したというような、犯罪の中間結果が国内で発生した場合も国内犯にあたるとされる。しかし、発症の程度にもよるが、たんに国内で因果関係が経過するだけの場合は国内犯にはあたらないとする見解も有力である。国内には犯罪による危険がなんら及ばないからである。

さらに、国外で未遂に終わった行為の場合、犯人が結果発生を予定した地が国内であれば国内犯かという議論がある。肯定説（なお、立法例として、ドイツ刑法9条1項等）もあるが、たんに予定された結果発生地が国内であったというだけでは「法益侵害の現実的危険の発生」という未遂犯処罰の根拠すら欠きかねない。したがって、厳密には、国内で法益侵害の現実的危険性が発生したことが認められる場合（たとえば、公海上で外国船舶から自国船舶に向けて発砲があり弾は外れたが当たる可能性があった実行未遂の場合等）以外は、国内犯を否定すべきというべきであろう。実行の着手以前の予備行為の場合は、国内での犯罪実現のために国外で予備を行っても国内犯にあたらず、国内で予備を行った後に国外で実行された犯罪を国内犯とすることもできないのである。

危険犯の場合、具体的危険犯であれば、犯罪構成事実である具体的危険の発生地も犯罪地となしうることに問題は生じない。これに対して、犯罪構成要件上所定の行為が行われれば犯罪が成立する抽象的危険犯の場合は、実害が発生しても当該実害発生地は犯罪地にはならないのではないかという疑念が生じる。これに関して、危険の現実化を予防するために規定されるのが抽象的危険犯なのであるから、予定された危険が現実化すれば、その場所も犯罪地であると解すべきだとする意見もある[12]。たしかに、業務妨害罪のように、解釈上（判例によれば）、実害発生は不要とされていても、構成要件上「業務を妨害した」等の侵害犯の形で記述されている罪の場合は実害発生地も犯罪地と解しうる。たとえば、公海上の外国船舶から日本船舶に向けて妨害行為が行われた場合は、

---

(12) 古田・渡辺・田寺 2004, p.79.

妨害が日本船舶に及んだとして、刑法1条2項により国内犯とされ、実例としても、公海上の外国船舶から日本の巡視船上の海上保安官に妨害行為をした場合に公務執行妨害罪の国内犯であるとした例（長崎地裁厳原支部判決 1987 〔昭和62〕年8月26日〔韓国漁船大光丸事件〕、福岡地裁小倉支部判決 1992 〔平成4〕年10月14日〔韓国漁船第二クムヘ号事件〕、ともに公刊物未登載）や、やはり公海上の外国船舶から日本の調査捕鯨船に妨害等を行った外国人に威力業務妨害罪等（国内犯）の成立を認めた例（東京地裁判決 2010 〔平成22〕年7月7日、判例時報2111号138頁〔シー・シェパード事件〕）がある。こうした公務や業務に対する妨害罪は、学説上侵害犯であるとする理解もあることからも、行為か妨害結果のいずれかが日本で実現されれば国内犯であるといえよう。しかし、反面、油の違法排出罪のように「排出した」等の行為の形で規定されている罪の場合は、排出の効果が及ぶ範囲まで当然に犯罪地であると解しえず、それゆえ、公海または他国領海内の外国船舶からの油の違法排出により自国領海内が汚染されても、排出罪としては国外犯とせざるをえないのではないかという疑問がある（なお、国外で行われた不当な取引制限の効果が国内に及ぶ場合も国内犯であると捉える効果主義の考え方[13]にも同様の問題点がある）。

第4節　国外犯を処罰する規定形式の問題

上述のように、国外犯を処罰するにはその旨の定めが必要であるが、特別法上、国外犯処罰の明文規定の要否が問題となった事案がある。

1　漁業法令違反の例（北島丸事件、第2の北島丸事件、ウタリ共同事件）

北島丸事件、第2の北島丸事件、ウタリ共同事件では、いずれも被告人らが漁業調整規則に違反して違法操業を行ったとして起訴されたが、操業海域が北方四島の周辺海域で日本が現実に統治権及ぼしえない海域であったため、日本の刑罰法規も適用できないのではないかが争われた。しかし、いずれの事案においても、最高裁は、水産資源の保護培養及び維持並びに漁業秩序の確立のための漁業取締りその他漁業調整という立法目的を十分達成するためには、何ら

---

(13)　なお、効果主義については、山本 1991, p.143 以下参照。

の境界もない広大な海洋における水産動植物を対象として行われる漁業の性質にかんがみて、日本領海内における漁業のほか、公海及びこれと連接して一体をなす外国の領海における日本国民の漁業には調整規則が適用されるとの判断を示した。問題となった漁業調整規則には国外犯処罰が明記されていなかったが、最高裁は、その立法目的、法の性格から国外犯をも処罰するのが法の趣旨であると解したのである。これと同様の解釈は、明文なき過失犯処罰（最高裁決定1982〔昭和57〕年4月2日、刑集36巻4号503頁）でもとられている。しかし、当時（一連の北島丸事件の際）、問題となった漁業調整規則の解釈をめぐって専門家の間でも見解が対立したことも考慮して、罪刑法定主義の明確性の見地から、明文による国外犯処罰規定を必要とする見解もある[14]。

2 海賊処罰法と国外犯処罰

さらに、海賊対処法の初適用となったグアナバラ号事件（アラビア海の公海上でソマリア人の被告人等が、日本の船舶運航事業者が運航するバハマ船籍タンカー「グアナバラ号」を襲撃し、その運航を支配する海賊行為をしようとしたが未遂に終わった事件）においても、弁護人側から国外犯処罰の点が取り上げられた（**第1章甲斐論文**および**巻末資料②**参照）。これに対して、東京地裁は「海賊対処法は、公海等における一定の行為を海賊行為として処罰することを規定し（2条ないし3条）、国外での行為を取り込んだ形で犯罪類型を定めている。このような規定の仕方自体から、海賊対処法には国外犯を処罰する旨の『特別の規定』（刑法8条ただし書）があるものと解され、さらに、前記のとおり海賊行為については普遍的管轄権が認められることを併せ考えると、海賊対処法は、公海上で海賊行為を犯したすべての者に適用されるという意味で、その国外犯を処罰する趣旨に出たものとみることができる」との判断を示した。たしかに、海賊対処法は、同様の規定をもつ航空機の強取等の処罰に関する法律等のような、「前〇条の罪は刑法第2条の例に従う」といった通例の国外犯処罰規定方式をとっていない。しかし、同法の趣旨や立法目的から公海上の海賊行為を対象にすることが明らかであり、しかも、同法2条において、すでに同法が犯罪とする海賊行為の定

---

(14) 大塚1997, p.159. さらに、この点とは別に、水産資源の保護のあり方は、採捕の対象毎（カニやサケ、ホタテ等の別）で異なることが国外犯処罰の必要性を判断する上で重要な考慮要素である旨も指摘されている。

義の中で「公海」における行為も含まれることが明文化されているのであるから、重ねて国外犯処罰規定を設ける必要はなく、このような形の国外犯処罰する規定（刑法8条ただし書に該当する特別規定）もありうるといえる。さらに、グアナバラ号事件刑事裁判では、国連海洋法条約105条が刑事司法管轄権の行使を拿捕国（本件では米国）に限定しているのではないかという点も争われたが、東京高裁は、同条約105条は「拿捕国が刑罰を科すことができる」のであって、同条約100条の協力義務規定の存在と、これまでにもソマリア海賊被疑者を拿捕した国が第三国に引き渡し、第三国もこれを受け入れ、訴追、裁判を行った国家実行例が多数あること等に鑑みて、第三国による刑事司法管轄権の行使までを排除する趣旨ではないとの理解を示している。

おわりに——刑事管轄権の行使と調整

1　刑法の適用範囲と実際の権限行使

　国内犯とされ、あるいは国外犯処罰規定によって、日本の刑法が適用できる場合でも、犯人が国外に在る場合は、令状を請求し、捜査、逮捕、証拠収集を行い、刑事裁判にかける権限が当然に認められるわけではない。国家に罪を犯した者を処罰するための法令制定権（立法管轄権）だけでなく、刑事手続を執るための権限（執行管轄権）や日本の裁判所で裁判を行う権限（裁判管轄権）がなければ、刑事管轄権を全うすることはできないのである。

2　刑事訴訟法の適用範囲

　そもそも日本の刑事訴訟法（刑訴法）の適用範囲についても議論があり、いわゆるラストボロフ事件において、東京地方裁判所は、属地主義の観点から、その適用は日本に限られ、他国の承認を得れば、その限りで刑訴法の規定に準拠して刑事手続が可能になるという立場を示した（東京地裁判決1961〔昭和36〕年5月13日、下刑集3巻5・6号469頁）。刑訴法の他国での執行は、まさに相手国の主権侵害を伴うおそれのあるものであるから、厳格解釈をしたものと理解される。もっとも、このような厳格な立場であっても、刑訴法の一切の域外適用を否定するものではない。たとえば、EEZ法3条4号や海賊対処法9条のような規定により、必要に応じて日本の公務員の職務の執行には日本の法令を適用

する旨の規定を設けて、刑訴法の適用も認めることが許されるのである（他方、刑訴法の適用は全世界に及ぶとする立場からは、域外での日本の法令を適用する旨の規定は、刑訴法については確認規定にとどまることになる）。

3 管轄権行使の制限

　一般的、観念的には刑法の適用が認められても、国際法により刑事裁判権の行使が制約され、あるいは複数の国の管轄権が競合することによってその調整が必要な場合も生じる。

　たとえば、船舶に対する旗国主義と沿岸国の属地主義が競合する場合（自国船舶が外国の領海や内水に在る場合）については、国連海洋法条約27条に無害通航権に配慮した規定があり、沿岸国の刑事裁判権は、犯罪の結果が当該沿岸国に及ぶ場合や麻薬等の不正取引を防止するために必要な場合等を除いて行使してはならない（同条1項）。他方、入港、停泊中の外国船舶内の犯罪については沿岸国の刑事管轄は及びうる（2項参照）。公海上の船舶の衝突その他航行上の事故の場合に、日本の船舶内で結果が発生したとして、たとえ観念的には日本の刑法の適用を認めても（第2節1）、公海条約11条1項および海洋法条約97条により、旗国または事故に対して責任のある乗組員の本国にのみ、捜査や刑事裁判を行う権限が認められるにすぎない。他方、海賊船や海賊行為によって奪取され、かつ、海賊の支配下にある船舶に対しては、公海上の旗国主義の例外として、いずれの国も船舶の拿捕や船舶内の人の逮捕・財産の押収が許される。拿捕国が刑事裁判を行い、科すべき刑罰の決定も許容されている（国連海洋法条約105条）が、さらに拿捕国以外の第三国による刑事司法管轄権の行使も可能なことは「グアナバラ号事件」において東京高裁が是認したとおりである（第4節2）。

主要参考文献

愛知正博, 1984,「外国へ輸出中の船舶を乗組員が公海上で覆没させる行為と刑法一条二項」『中京法学』第19巻4号, p.82-88.
石毛平蔵, 1994,『海上保安官のための海上犯罪と捜査』(東京法令)
大久保太郎, 1971,「解説」『最高裁判所判例解説　刑事篇　昭和45年度』(法曹会), pp.231-245.
大久保太郎, 1972,「解説」『最高裁判所判例解説　刑事篇　昭和46年度』(法曹会), pp.49-79.
大塚裕史, 1997,「ウタリ共同事件上告審決定」『ジュリスト』第1113号（平成8年度重要判例解説), pp.158-159.
大塚裕史, 1998,「公務の執行を妨げる行為と刑法の域外適用」『西原春夫先生古稀祝賀論文集　第3巻』(成文堂), pp.427-451.
北川佳世子, 2002,「国内犯」『法学教室』第261号, pp.10-11.
北川佳世子, 2014,「海賊対処法の適用をめぐる刑事法上の法的問題」『川端博先生古稀記念論文集（下巻）』(成文堂), pp.551-578.
坂井智, 1987,「解説」『最高裁判所判例解説　刑事篇　昭和58年度』(法曹会), pp.346-355.
鶴田順, 2010,「尖閣諸島沖中国漁船衝突事件」『法学教室』第363号, pp.2-3.
花井卓蔵ほか, 1923,『刑法沿革総覧』(清水書店)（増補復刻版〔信山社〕1990).
山本草二, 1991,『国際刑事法』(三省堂).
古田佑紀・渡辺咲子・田寺さおり, 2004,『大コンメンタール刑法　第1巻〔第2版〕』(青林書院), pp.68-99.

理解を深めるために
コラム① タジマ号事件

2002年4月7日、台湾の東方の公海上で、ペルシャ湾から姫路港に向けて航行中のパナマ共和国を船籍国とする大型原油タンカー「タジマ」(約14万8000トン)の船内で日本人二等航海士が殺害された。被疑者はフィリピン人乗組員2名であった。事件に気がついた日本人船長は、船長権限により当該乗組員2名を拘束することを検討し、海上保安庁に協力を求めた。海上保安庁は在京パナマ大使館の承諾を取りつけたうえで、4月9日に海上保安官6名をタジマ号に乗船させ、被疑者2名の船長権限による身柄拘束を援助し、両名を船内の個室に軟禁隔離した。その後、同船は数隻の巡視船が伴走警戒にあたりつつ、4月12日に姫路港に入港・着桟した。

海上保安庁は、本件についての第一報を得た後、犯罪捜査を開始することができなかった。本件のような公海上の船舶内で発生した事案については、事案発生の現場海域においては、当該船舶の旗国が排他的な執行管轄権を有するからである。タジマ号はパナマ船籍のいわゆる便宜置籍船であった。便宜置籍船とは、外航海運企業が運航や船員の配乗等の管理を行っているが、船舶所有者等に関する税金、船舶の登録費、設備費、定期検査費や船員の賃金等の運航コストを削減することなどを目的に、外国で設立した現地法人を所有者とするなどして、当該外国の船籍を取得している船である。便宜置籍国としてよく知られているのは、パナマ、リベリア共和国、マーシャル諸島共和国等である。

また、日本政府による執行管轄権の行使の前提となる立法管轄権の行使についても、公海上の外国船舶上で発生した外国人による日本人の殺人事件について、「刑法」(明治40〔1907〕年4月24日法律45号)は、2002年の本件発生時、国外犯処罰のための消極的属人主義を採用した規定を持たなかった(**第2章北川論文参照**)。

なお、日本政府は本件に対する「海洋航行の安全に対する不法な行為の防止に関する条約」(以下「SUA条約」)の適用も検討したが、タジマ号は航行を継続しており、航行の安全が損なわれたとは必ずしもいえず、SUA条約の対象犯罪の一つである「船舶内の人に対する暴力行為(当該船舶の安全な航行を損なうおそれがあるものに限る。)」(条約3条1項(b))の要件を充足しないと考えられた(SUA条約については**コラム④参照**)。

他方で、パナマ政府はただちに対応をとるということをしなかった。同年5月14日に、パナマ政府から日本政府にフィリピン人被疑者の仮拘禁請求がなされ、同日、東京高等裁判所裁判官は仮拘禁許可状を発付した。5月15日、海上保安庁は東京高等検察庁からの依頼を受け、タジマ号の船内において仮拘禁許可状を執行し、被疑者2名の身柄を拘束し、タジマ号から下船させた。同日中に、タジマ号はペルシャ湾に向けて出港した。さらに、6月14日にパナマ政府から日本政府に被疑者の引渡請求がなされた。8月12日、東京高等裁判所は逃亡犯罪人引渡請求にかかる審問を開始し、被疑者2名は犯罪事実を認めた。8月15日、東京高等裁判所はパナマ政府への引渡を可とする決定を行った。

なお、本件の加害者がフィリピン人であったことから、フィリピン刑法の適用による対応も検討されたが、フィリピン刑法は事件発生時は国外犯処罰のための積極的属人主義を採用した規定を持たなかった。

本件の発生が1つの契機となって、翌2003年の日本国刑法の改正で消極的属人主義を採用した「3条の2」の規定が追加されることとなった。

【**参考文献**】 北川佳世子, 2003,「最近問題になった海上犯罪と日本の国内法制度」『海保大研究報告 法文学系』第48巻第1号, pp.25-47. 辰井聡子, 2003,「国民保護のための国外犯処罰について」『法学教室』第278号(2003年11月号), pp.24-31.

(鶴田 順)

第3章　刑法における普遍主義

日山　恵美

はじめに

　本章では、刑法適用法における普遍主義について取り上げる。まず、**第1節**において普遍主義の意義を確認し、**第2節**において日本における普遍主義に基づく国外犯処罰規定について説明し、**第3節**でそれらの規定の問題点を検討する。

第1節　刑法適用法における普遍主義の意義

　自国刑法の場所的要素に関する適用についての規範（自国の刑法はいかなる地域で行われた、いかなる行為に対して適用されるのか）を刑法適用法という[1]。この刑法適用法は、国内法に属するものであり、どのように定めるかは国家の主権に属することであるとされる[2]。しかし、他国の領域内での事項について合理的な理由なく無制限に場所的適用範囲を拡大することは憲法98条2項の趣旨に照らして問題があり、刑法の適用を正当とする根拠が必要とも指摘される[3]。刑法の適用を正当とする根拠が国際法において認められているものでなければ、国内管轄事項不干渉の原則に抵触する。
　国際法上、領域外の行為についての刑法適用法の諸原則として承認されてきたものとして、属人主義、保護主義に加えてあげられるのが普遍主義である[4]。

---

(1)　第2章北川論文参照。
(2)　森下 2005, p.2; 古田ほか 2004, p.68。
(3)　古田ほか 2004, p.68。
(4)　第5章竹内論文参照。

刑法適用法における普遍主義とは、犯罪地、行為者、被害のいずれも自国と関連性をもたない場合において、国際社会が共通に重大と認める犯罪について自国刑法を適用するという原則である、とされる[5]。ここで、普遍主義は、国際社会における不処罰の回避という国際協力目的の観点のみで、自国の刑法を適用するものではないことを確認すべきである。刑法適用法は、自国の刑法をどこまで及ぼすべきかという問題であり、刑法の適用においては、刑法の目的である法益保護主義と切り離せるものではない。したがって、自国と侵害（危殆化）された法益との間の関連性が必要である[6]。国際社会において国際協力が要請される場合として、国際社会が共通に重大と認める犯罪と国際社会に共通の利益を侵害する犯罪とがあるが、両者は重なり合うけれども、まったく同一のものではない。たとえば、殺人はいずれの国においても重大犯罪と認められるであろうが、タジマ号事件のように、各国の刑法適用法の関係において処罰し難い事態が発生した場合、日本が刑法3条の2を新設したように、普遍主義に基づく国外犯処罰が選択されるわけではない（同条は受動的属人主義あるいは国民保護主義に基づくものと考えられている）（タジマ号事件については**コラム①**参照）。国際社会に共通の利益に対する侵害だからこそ、国際社会の構成員たる自国と法益との関連性が認められ、刑法が適用されるのが普遍主義に基づくものなのである（この点、普遍主義の規定であるドイツ刑法6条は「国際的に保護された法益に対する国外犯」と明記している）。

　自国との関連性がないにもかかわらず、国際協力目的の観点から例外として他国における法益侵害について自国刑法を適用して処罰することを選択するのは、代理処罰主義である[7]。

第2節　日本の国外犯処罰規定に見いだされる普遍主義

1　普遍主義に基づく国外犯処罰規定

日本において普遍主義に基づく国外犯処罰規定であると理解されうるものと

---
(5)　森下 2005, p.211; 古田ほか 2004, p.69.
(6)　髙山 2005, p.15.
(7)　芝原 1985, p.353.

して次のようなものがある。

(1) 「刑法第2条の例に従う」とする国外犯処罰規定　このような国外犯処罰規定として、航空機の強取等に関する法律5条、航空の危険を生じさせる行為等の処罰に関する法律7条があげられる。

これらの国外犯処罰規定を有する法律は、国際テロリズムに基づくハイジャックへの国際的対応のための1963年の「航空機内で行われた犯罪その他ある種の行為に関する条約」（いわゆる東京条約）、1970年の「航空機の不法な奪取の防止に関する条約」（いわゆるハーグ条約）、1971年の「民間航空の安全に対する不法な行為の防止に関する条約」（いわゆるモントリオール条約）の締結に際しての国内法整備として、条約が処罰を義務づける行為の犯罪化のために新たに制定された。

ハーグ条約およびモントリオール条約は、締約国に対して、犯罪行為の行われた領域国、登録国、着陸国等に該当する場合に裁判権設定を義務づけたうえで、さらに、容疑者の所在国にあたる場合で、前述の該当国に容疑者を引き渡さない場合に訴追義務を履行するための裁判権設定を義務づけている（ハーグ条約4条、モントリオール条約5条）。日本が犯罪行為の行われた領域国、登録国に該当する場合は刑法1条により日本の刑法の適用が認められるが、その他の場合においては、行われた犯罪類型によっては刑法2条および3条では適用範囲外となる場合が生じる。そこで、新設された法律に、当該犯罪について「刑法第2条の例に従う」と規定することで、犯罪行為地、犯人の国籍にかかわらず国外犯処罰ができるようにしたのが上述の国外犯処罰規定である。ここに普遍主義を見出しうる。

しかし、このような規定は、保護主義や属人主義に基づく国外犯処罰による場合もありうるので、たとえ本条によって国外犯処罰がなされるからといって、必ずしも普遍主義に基づくものとはいえないことには留意しなければならない。

なお、「刑法第2条の例に従う」旨の国外犯処罰規定のなかには、犯罪行為地国においては許容されている行為も含めて国外犯処罰を可能にしている場合がある。たとえば、大麻取締法は大麻所持のように行為地国によっては許容されている場合まで「刑法第2条の例に従う」として国外犯処罰に含めている（大麻取締法24条の8）。このような場合、犯罪行為地国、行為者に連結点がなく

処罰する場合であるからといって普遍主義に基づくものとは評価できない[8]。

(2) 刑法4条の2および「刑法第4条の2の例に従う」とする国外犯処罰規定
刑法4条の2は、刑法各則（刑法典第2編）の罪の構成要件に該当する行為であって、条約により、当該行為が日本国外で行われたときであっても、日本において処罰すべきものとされているものにつき、同法2条から同法4条までの規定では国外犯が処罰できないときに条約の要請の範囲で同法を適用し、これを処罰しうることとするものである[9]。この規定は、条約による国外犯処罰義務に包括的に対応するものである。

本条は、「国際的に保護される者（外交官を含む。）に対する犯罪の防止及び処罰に関する条約」（いわゆる国家代表等保護条約）および「人質をとる行為に関する国際条約」（いわゆる人質行為防止条約）の締結に先立っての国内法整備を直接の契機として、1987年の改正により追加されたものである。

国家代表等保護条約は、締約国に対して一定の行為についての犯罪化義務を課したうえで、3条で、締約国に次のような場合に裁判権設定義務を課している。すなわち、①犯罪行為が締約国の領域内またはその船舶もしくは航空機内で行われた場合、②締約国の国民によって行われた場合、③締約国のために遂行する任務に基づき国際的に保護される者としての地位を有する者に対して行われた場合（1項）である。そして、容疑者が所在する場合で、1項に該当する国に引渡しを行わない場合にも裁判権を設定する義務を課している（2項）。この裁判権設定義務については、当時の刑法1条から3条で対応可能なものもあったが、条約により処罰を義務づけられた行為すべてに対応していたわけではなく、とりわけ2項の裁判権設定義務へは対応しえなかった。

このような場合、日本では、従来は条約上処罰すべき犯罪についての特別法を設け、そして「刑法第2条の例に従う」とする国外犯処罰規定を設けることで対応してきた。しかし、このような対応では、次のような問題が指摘された[10]。国家代表等保護条約で処罰すべきとされる犯罪は、既存の罰則で対応

---

(8) ドイツ刑法6条5号および8号について、普遍主義として正当化されないと指摘するものとして、ノイマン 2006, p.76.
(9) 古田ほか 2004, p.96. また立法経緯については、的場・河村 1988, pp.45-; 名和 1992a, pp.113-.
(10) 的場 1988, pp. 45-.

可能であり、かつ、その犯罪が多数にのぼり、これに対する裁判権設定義務が一定の場合に限られているので、特別立法ではあまりにも膨大な特別類型を設けることとなること、条約上必ずしも必要とされない法定刑の加重を避けられないこと、条約上義務づけのない場合にも広く処罰することとならざるをえないことである。

また、刑法2条に条約上処罰すべきとされている犯罪を、条約上国外犯を処罰すべきこととされている場合の限定を付して具体的に列挙することはきわめて煩雑な表現となり、立法技術上きわめて困難であること、これを避けるためにすべて刑法2条に掲げるとすると、刑法2条に掲げる各罪との均衡を失することや、保護主義的観点からの立法に普遍主義的な観点を持ち込むこととなり体系上問題があることも指摘された。

そこで、諸外国の立法例にも多数見受けられること、将来締結すべき条約の締結を促進し、遅滞なく国際社会の一員としての日本の義務を履行することを可能にするうえで、より合理的な方法であることを理由として、本条のような包括的な国外犯処罰規定が新設されることとなった。刑法4条の2は、立法経緯や、他の国外処罰規定の例外として定められていること、条約による義務づけの範囲に制限されていることから普遍主義の考えを背景に持つものと解されている[11]。

本条によって対応している条約として、国家代表等保護条約の他に、核物質の防護に関する条約、国際連合要員及び関連要員の安全に関する条約、テロリストによる爆弾使用の防止に関する国際条約、テロリズムに対する資金供与の防止に関する国際条約、拷問等禁止条約、海洋航行不法行為防止条約があげられる。なお、ジュネーヴ諸条約の重大な違反行為については、2004年の国際人道法の重大な違反行為の処罰に関する法律の附則3条によって、刑法附則（昭和62年法律52号）2条にジュネーヴ諸条約が追加されたことで、刑法4条の2が適用されることとなった。

また、本条新設後は、条約上の犯罪行為の範囲が刑法各則の構成要件で捕捉できない場合、特別法を設け、あるいはすでに制定された特別法において、

---

(11) 古田ほか, p.96; 名和 1992b, p.69.

「刑法第4条の2の例に従う」とする国外犯処罰規定を設ける（改正も含める）ことで、条約上の裁判権設定義務に対応するようになった。たとえば、人質による強要行為等の処罰に関する法律5条前段、暴力行為等処罰に関する法律1条の2第3項、テロリストによる爆弾使用の防止に関する国際条約の締結に伴う関係法律の整備に関する法律による国外犯処罰規定の改正（爆発物取締罰則10条等）、国際人道法違反行為処罰法7条等である。この「刑法第4条の2の例に従う」とする規定も条約による義務づけの範囲に制限される解釈すべきである。

(3) 海賊対処法（同法2条、3条、4条）　「海賊行為の処罰及び海賊行為への対処に関する法律」（平成21年法律55号）（以下「海賊対処法」とする）については、国外犯処罰規定が犯罪構成要件とは別に設けられているわけではない。これは、犯罪構成要件の一部に領域外における行為が取り込まれており、領域外における行為を処罰する趣旨が明らかなので、上述のような国外犯処罰規定の要否は問題とならないと考えられたようである[12]。このような考えに基づくものとして、公海に関する条約の実施に伴う海底電線等の損壊行為の処罰に関する法律があげられる[13]。この法律は、法律名からも明らかなように公海条約実施に伴う国内法整備として設けられたものであり、条約による処罰の義務づけの範囲も条約を見れば明らかである（公海条約27条）から、国外犯処罰の範囲も導き出せる。これに対して、海賊対処法に関しては、国連海洋法条約は海賊については、抑止に協力する義務を課するにとどまり（100条）、処罰を許容するにすぎない（105条）ので、日本の刑法適用の範囲は条約から直ちに導き出されるものではない[14]。

　ここで、国際法上、海賊については古くから自国の管轄権行使が正当化されてきたが、海賊対処法が普遍主義を採用していると解するのであれば、その根拠として国際社会における共通の利益が見いだされなければならない。

(12)　大庭靖雄内閣官房総合海洋政策本部事務局長（政府参考人）答弁。『第171回国会参議院外交防衛委員会議録第15号』（2009.6.2), p.4.
(13)　古田ほか2004, p.69.
(14)　奥脇2009, p.75は「国際法上、処罰義務があるわけではない（UNCLOS 105条）から、域外適用する海賊罪の範囲は、国際法がpolicingとして海上で介入措置を認める海賊の範囲と同じである必要はない」と指摘する。

海賊対処法の目的（1条）にみられる法案提案理由説明は、まず「我が国の経済社会及び国民生活にとって」「極めて重要」である「航行の安全の確保」をあげている[15]。海賊罪の保護する利益の内実として、公海自由の原則と、同原則による航行の自由、国際航行の重要性があげられる[16]。これは、物流や人的交流において海洋を利用する国際社会に共通する利益である。そして、旗国の取締り能力の欠如（困難であることも含めて）により海賊が常習性を有すること、攻撃対象が無差別であることからすると、このような海賊行為が適切に対処されないままであれば、グローバリゼーションが進んだ今日の国際社会においては、従前にも増して、国際社会全体が被る不利益は多大なものとなる。
　また、同条が「並びに」と続けて、すべての国の公海上での海賊行為の抑止への国際協力をあげていることや、立法に至る経緯[17]を考慮しても、海賊対処法は、普遍主義に基づく国外犯処罰を肯定していると解される[18]。
　日本で初めて海賊対処法により訴追され、裁判員裁判で審理されたグアナバラ号事件（本件は、犯罪地は公海上の外国船籍の船舶、行為者も被害船舶の乗組員もすべて外国人の事案）で、2013年2月1日の東京地方裁判所判決は、弁護側が日本との関連性がないとして裁判権がないことを主張して公訴棄却を求めたのに対して、国連海洋法条約に照らし「海賊行為に対してはいずれの国も管轄権を行使できる」と判断し、国内法上の管轄権について、海賊対処法の犯罪類型が国外での行為を取り込んだ形で定めていることから、国外犯を処罰する旨の「特別の規定」（刑法8条ただし書）があると解し、さらに、国際法上で普遍的管轄権が認められていることも併せ考えて「公海上で海賊行為を犯したすべての者

---

(15) 立松2009, p.48は「海賊への対処は、結果として国際協力になりますが、あくまでもその目的は我が国の公共の秩序維持です」と説明している。また、奥脇2009, p.74は「日本経済の生命線ともいえる中東からマラッカ・シンガポール海峡を経てわが国に至る航行路の安全を確保することを目的とした法律」と評価している。

(16) 甲斐2015, p.535.

(17) 中谷2009, p.64は、本法の創設的意義として自衛隊護衛艦による護衛対象が純然たる外国籍船まで含まれることになったことをあげる。また、外務省の発表では2015年6月30日現在のアデン湾における護衛艦による護衛実績3577隻のうち日本関係船舶外の外国船舶が2910隻である（外務省「ソマリア沖・アデン湾の海賊問題の現状と取り組み」http://www.mofa.go.jp/mofaj/gaiko/pirate/africa.html (last visited 28 Aug. 2015)）。

(18) 坂元2012, p.158; 奥脇2009, p.75.

に適用されるという意味」であると判示し、海賊対処法の国外犯処罰の根拠について普遍主義を肯定した[19]。日本における普遍主義を明言した初の判断である。もっとも、被害船舶の運航事業者が日本の法人であることからすると、日本にまったく連結点がない事案とはいえない。国際航行の重要性という利益は、出港から帰港に至るまでの出・帰港地国および寄港地国が自国領海内の安全秩序の維持といった直接の利害関心を有するのみならず、船舶運航に人的・物的関係がある国においては、自国の国民生活上の利害関心を有するからである。

第3節　日本における普遍主義に基づく国外犯処罰規定の問題点

1　普遍主義採用の不明瞭さ

上述のように、日本においては、従来、条約による「引渡しか訴追か（aut dedere aut judicare）」原則により義務づけられた裁判権設定として国外犯処罰規定が新たに設定されてきた場合がほとんどである（例外的なものとして刑法3条の2）。そして、4条の2という包括的規定を設けたこと、また特別法においてもこの規定の例に従うことといった定め方をしていることからすると、今後も日本は国外犯処罰を条約による義務づけへの対応にとどめる姿勢を基本的に維持するものと思われる。そもそも普遍主義に基づく刑法適用の根拠である国際社会に共通の利益が何であるかは、各国の主観によってではなく、国際法のルールとして客観に決められなくてはならない[20]ことからすると、条約による合意に裏付けられたものから採用する慎重な姿勢は評価できる。しかし、同条については、罪刑法定主義上、とりわけ明確性に関して問題が生じるとの指摘がある。すなわち、実際にどのような犯罪が国外犯として処罰されるかは個々の条約を見なければ判明せず、また、条約の場合、その内容が国内の刑罰法規ほど明確に表現されていないことも多く、すべての裁判官が条約の文言から常に同一の帰結を導きだすという保障がなく、国外において行われた行為が現に

---

(19)　第1章甲斐論文参照。
(20)　最上 2009, p.17.

日本の刑罰法規によって処罰されるか否かが刑法上、十分明確化されてはいないというものである[21]。

また、日本では、国際協調主義に基づく条約による義務履行であることと、各国に共通する重大な利益の侵害に対する処罰である普遍主義に基づく刑法適用であることは、理論的には別の問題であることが、あまり意識されていないように思われる。人質による強要行為等の処罰に関する法律5条のように適用根拠に応じた規定ぶりとなっているものばかりではなく、前述の大麻取締法のような国外犯処罰規定もある。海賊対処法も犯罪構成要件の解釈による国外犯処罰を認めるものであり、同様に、適用根拠の違いに応じた規定が設けられているわけではない。このような規定ぶりでは普遍主義に基づく刑法適用であるかどうかは、その旨が判決で示されなければ明らかにならない。このような立法例には合理性があるとする見解もある。すなわち、普遍主義と国家保護主義や代理処罰主義との区別は困難であると同時に必要性に乏しい、対象とすべき犯罪の性質の相違は流動的である、というのである[22]。たしかに、普遍主義と代理処罰主義は、刑法適用における根拠をいかなる点に求めるのか、ということについての視点（観点）において次元を異にするものであり、両者は排斥し合う関係にあるものではない[23]。しかし、代理処罰主義が、その対象犯罪が二国間の合意によるものでも構わないように、刑法適用の根拠をもっぱら不処罰防止という目的に求めるものであるのに対して、普遍主義は、国際社会における共通利益の侵害に対する犯罪への刑法適用であり、その根拠はあくまでも法益侵害という連結点に求められるのである。普遍主義に基づく刑法適用であるのなら、その保護法益が特定されなければならないのであるから、やはり刑法適用の根拠は区別し明示する必要がある。条約による義務履行は普遍主義の採用には直結しない（ドイツにおいては、ドイツ刑法6条9号；国際的に保護された法益に対する国外犯として、ドイツ連邦共和国について拘束力のある国家間の条約に基づき、それが国外で犯された場合にも訴追すべき行為が条約の義務履行であるのか普

---

(21) 曽根 1987, p.132; 松宮・福田 1989, p.204; 名和 1992b, p.76.
(22) 髙山 2008, p.175.
(23) 森下 2005, p.204 は普遍主義に基づく代理主義を肯定し、同, p.192 は属人主義を代理処罰主義の一形態であると指摘する。なお髙山 2005, p.15 も参照。

遍主義であるのかにつき争いがあるようである⁽²⁴⁾)。条約がいかなる利益侵害を犯罪行為として捉えているのか、その保護法益が、普遍主義の採用に適したものであるかを検討することこそが重要である。しかし、たとえば、殺人罪の保護法益とジェノサイドの保護法益は性質が異なるものであるのに、日本は、ICC規程に加入してもなお、既存の罰則でほとんど処罰できるとして、国外犯処罰について新たな立法手当をすることもしていない。

　国際社会において普遍主義の濫用の懸念を生じさせないためにも、各犯罪について適用根拠を明確にした国外犯処罰規定を設け、普遍主義に基づく処罰範囲を明瞭にしていくべきである。

2　普遍主義の位置づけ

　日本の国外犯処罰規定には、引き渡さない場合に日本の刑法が適用される旨の文言はなく、また、何らかの日本との連絡点を求めているわけでもなく他国による処罰との関係において、日本の普遍主義が補充的なものであるかどうかは明文で明らかにされていないなお、これは普遍主義の行使の要件として犯人の所在を必要とするか否かということにも関連するが、裁判権の設定としての刑法適用と裁判権の行使とは次元を異にするもの⁽²⁵⁾であり、日本においては刑事訴訟法286条で原則として被告人不在の裁判は認められていないことからすると、裁判権の行使が拡張するおそれはない。この問題は、普遍主義の採用が国際社会に共通の利益の侵害に対する犯罪について肯定されるものであることからすれば、いずれの国家も「共通利益」という点で結びつきがあるのだから、犯人の所在に連結点を求めるのは、法益侵害という実体法要件の観点からではない要請、すなわち手続的正義からの要請と考えられる。条約による義務履行とは異なり、各国に共通する利益という法益の侵害に向けられた普遍主義に基づく処罰は、国内法レベルにおいては必ずしも義務的なものではない。それゆえ、まさに、日本が普遍主義に基づく刑法適用について積極的なのか消極的なのか、その姿勢が問われるのである。

　このような中で制定された海賊対処法については、「普遍主義を採用して国

---

　(24)　Arndt Sinn 2012, p.551.
　(25)　森下 2005, p.256.

際協力の推進にイニシアティブをとることに踏み切ったという意味を持っている」[26]と評価する見解がある。たしかに、海賊については、自主的な国外犯処罰である。そして、グアナバラ号事件では、もともと日本に所在していなかった犯人の引渡しを受けて裁判を行っている。海賊については、日本は積極的な姿勢であるともみえよう。しかし、前述したように、グアナバラ号事件はわが国の法人が直接の利害関心を有する事案であり、このような直接的な利害関心がまったくない事案についてまで、日本が積極的に普遍主義に基づいて日本の刑法を現実に適用して処罰する方向へ舵を切ったとまでいえるかは疑問である。

普遍主義に基づく処罰が国際社会に共通の利益の侵害に対するものであることからすると、日本にも関連性があると同時に他国にも関連性が認められることとなるそれゆえ、国際法上は普遍的管轄権の積極的な競合が問題となりうる。また、どの国の刑法的評価によっても実質的意味で「犯罪」だといえる場合[27]でなければならないはずであるから、普遍主義による処罰の場合には双方可罰性は必要とされない[28]。国際社会にとっては、このような犯罪行為が不処罰のままに終わることが回避されなければならず、また、回避されればよいことである。自国の刑法を優先的に適用しなければならない理由はない[29]。処罰の利益がより大きい国があれば、その国に引き渡せば足りる。普遍主義は、基本的には補充的な性格を持つべきもの[30]であり、制限的に解釈するべきと思われる。

---

(26) 奥脇 2009, p.75.
(27) 髙山 2005, p.4.
(28) 古田 2004, p.69頁 ; 森下 2005, p.211.
(29) 堀内 1999, p.8 は国外犯すべてについて、国際協調の下では自国の刑法を適用することへの抑制が求められると指摘する。
(30) 芝原 1985, p.353.

おわりに

　国際社会に共通の利益の享有主体は国際社会であり、一国家の利益に解消しうるものではない。普遍主義に基づく刑法適用の選択の根拠が、この利益に求められることからすると、本来は国際裁判所において裁くべきものであり、一国家の普遍主義に基づく刑法適用による処罰は、過渡的なものと指摘される[31]。

　しかし、国際裁判所の設置には各国家の合意を要し、実現への道のりは短くたやすいものとはいえない。まずは、過渡的措置として普遍主義に基づく処罰を選択するに際して、刑罰法規の調和と国際的一事不再理が認められることが必要である。普遍主義によって、たとえ不処罰は回避できたとしても軽罰への逃避とならぬよう、刑罰法規の調和が図られなければならない。同一の法益侵害行為に対する刑罰の重さ、範囲が各国家間であまりにもバランスを欠いていることは刑法適用の妥当性を欠く。また、いわば国際分業による処罰[32]なのであるから、普遍主義に基づく処罰の場合、国際的一事不再理も認められなければならない。日本の刑法はこれらの点について不備である（刑法5条は国際的一事不再理を認めていない）。

　また、国際社会において共通の利益の侵害が不処罰であることを回避するために普遍主義により処罰すること自体が正当化されるとしても、具体的な刑罰の執行にも目を向けるべきである。とりわけ海賊の場合、犯罪行為者の国籍国、常居所地国と地理的にも遠く離れ、社会状況が大きく異なり、言語コミュニケーションも困難な国での刑罰執行は、受刑者の「自覚に訴え、改善更生の意欲の喚起及び社会生活に適応する能力の育成を図る」という処遇の原則（刑事収容施設法30条）にもとるのではないかと思われる。

---

(31)　最上 2009, p.27頁 ; ノイマン 2006, p.83.
(32)　芝原 1985, p.353.

主要参考文献

奥脇直也, 2009,「日本における海洋法——海洋権益保護と国際協力のイニシアティブ」『ジュリスト』第1387号, pp.6-78.
甲斐克則, 2015,「海賊対処法の適用に関する刑法上の一考察——グアナバラ号事件第1審判決と第2審判決を素材として」高橋則夫ほか編『野村稔先生古稀祝賀論文集』(成文堂), pp.523-544.
坂元茂樹, 2012,「普遍的管轄権の陥穽——ソマリア沖海賊の処罰をめぐって」松田竹男ほか編『現代国際法の思想と構造Ⅱ』(東信堂), pp.156-191.
芝原邦爾, 1985,「刑法の場所的適用範囲」平場安治ほか編『団藤重光博士古稀祝賀論文集第四巻』(有斐閣), pp.335-358.
曽根威彦, 1987,「国外犯規定の改正について」『法学教室』第79号, pp.129-132.
髙山佳奈子, 2008,「刑法の適用における世界主義に関する国際刑法会議準備会」『刑法雑誌』第48巻1号, pp.172-177.
────, 2005,「国際刑法の展開」山口厚・中谷和弘編『安全保障と国際犯罪』(東京大学出版会) pp.3-26.
立松慎也, 2009,「海賊対処法の制定」『時の法令』第1847号, pp.43-54.
中谷和弘, 2009,「海賊行為の処罰及び海賊行為への対処に関する法律」『ジュリスト』第1385号, pp.62-68.
名和鐵郎, 1992a,「いわゆる「国際刑法」に関する一考察——刑法第四条ノ二の意義と課題」『静岡大学法経研究』第40巻第3・4号, pp.113-132.
────, 1992b,「国際刑法」阿部純二ほか編『刑法基本講座第一巻』(法学書院), pp.67-80.
新倉修, 2011a, 2011b,「刑事事件における普遍的管轄権原則の動向 (1) (2完)」『青山法学論集』第52巻第4号, pp.205-.53巻第2号 pp.113-147.
────, 2012,「刑事事件における普遍的管轄と国連第65会期第6委員会 (1)」『青山法学論集』第53巻第4号, pp.361-385.
ウルフリット・ノイマン, 2006, 佐伯和也・前嶋匠共訳,「グローバル化された法世界における世界主義」『ノモス』第18巻, p.73-83.
堀内捷三, 1999,「国際協調主義と刑法の適用」『研修』第614号, pp.3-12.
松宮孝明・福田吉博, 1989,「包括的国外犯処罰規定の新設」中山研一・神山敏雄編『コンピュータ犯罪等に関する刑法一部改正』(成文堂), pp.197-211.
的場純男・河村博, 1988,「刑法関係§4ノ2」米澤慶治編『刑法等の一部改正法の解説』, pp.45-58.
最上敏樹, 2009,「普遍的管轄権論序説——錯綜と革新の構造」坂元茂樹編『藤田久一先生古稀記念 国際立法の最前線』(有信堂高文社), pp.3-28.
森下忠, 2005,『刑法適用法の理論』(成文堂)
古田佑紀・渡辺咲子・田寺さおり, 2004,「第1条〜第8条前注」大塚仁ほか編『大コンメンタール刑法〔第2版〕第1巻』(青林書院), pp.68-99.
Arndt Sinn, 2012, "Jurisdictional law as the key to resolving conflicts: Comparative-law observations", in: Arndt Sinn (Hg.), *Jurisdiktionskonflikte bei grenzuberschreitender Kriminalitat,* pp.532-554.

第4章　海賊対処法における武器使用

佐々木篤・鶴田順

はじめに

「海賊行為の処罰及び海賊行為への対処に関する法律」（平成21年法律55号）（以下「海賊対処法」とする）は、「海洋法に関する国際連合条約」（以下「国連海洋法条約」とする）101条に示された国際法上の海賊行為を日本の国内法においても犯罪とし、海賊行為者の国籍を問わず処罰することを可能とするとともに、護衛の対象船舶をすべての国の船舶に広げることで日本の国際的な協調を可能とすることなどを目的として2009年に制定された法律である。

海賊対処法6条は、「海上保安庁法」（昭和23年法律28号）（以下「庁法」とする）20条1項において準用する「警察官職務執行法」（昭和23年法律136号）（以下「警職法」とする）7条による武器の使用のほか、「現に行われている第三条第三項の罪に当たる海賊行為（第二条第六号に係るものに限る。）の制止に当たり、当該海賊行為を行っている者が、他の制止の措置に従わず、なお船舶を航行させて当該海賊行為を継続しようとする場合において、当該船舶の進行を停止させるために他に手段がないと信ずるに足りる相当な理由があるときには、その事態に応じ合理的に必要と判断される限度において、武器を使用することができる。」と規定している。

警職法7条は、そのただし書で、人に危害を与える射撃（危害射撃）は正当防衛、緊急避難、3年以上の懲役等の凶悪犯罪者や逮捕状による逮捕等の際の職務執行に対する抵抗や逃亡等の防止に限って許容されると規定している。それに対して、海賊対処法6条は「武器を使用することができる。」と規定するのみである。そのことから、本条は、本条に規定された一定の要件を充足した

場合に、海賊行為を制止するために武器を使用したことが結果として海賊行為者に危害を加えることとなったとしても、法律に基づく正当な行為として違法性が阻却され、刑事・民事・行政上の責任が免ぜられることとなる、いわば危害許容要件が緩和された武器使用について規定したものである。

　本章では、海賊対処法2条6号の海賊行為（他の船舶への著しい接近等）が重大凶悪犯罪に該当することから（法定刑は5年以下の懲役）、当該海賊行為を制止するための海賊対処法6条の停船射撃と庁法20条1項で準用する警職法7条1号の武器使用の関係について、それぞれの武器使用の要件の比較検討を通じて整理する。また、日本の領海および内水において当該海賊行為が発生した場合には、庁法20条2項の停船射撃の要件を充足する可能性もあることから、この場合の海賊対処法6条の停船射撃と庁法20条2項の停船射撃の関係についても整理する（**本章第2節**および**第3節**）。さらに、その前提として、海賊対処法2条6号の海賊行為を行う船舶（以下「海賊船舶」とする）に対する海賊対処法6条の停船射撃は、海上保安官のいかなる任務に基づく武器使用であるかやその許容性についても検討する（**本章第1節**）。

　なお、**本章**では、警職法7条ただし書の正当防衛等のための武器使用および同条2号の武器使用は扱わない。

第1節　海賊対処法6条の停船射撃の法的性格

　庁法2条は、「海上における犯罪の予防及び鎮圧」、「海上における犯人の捜査及び逮捕」を海上保安庁の任務としており、これらの規定によって、海上保安官には、行政警察活動と司法警察活動の双方が認められている。そして、海賊対処法6条が「現に行われている……海賊行為……の制止に当たり」を武器使用要件としていることから、制止行為がいずれの任務規定に該当するのかによって、海賊対処法6条の停船射撃の根拠となる任務規定が決まってくる。

　まず、「現に行われている……海賊行為……の制止」という規定から、この場合の制止行為とは捜査・犯人の逮捕のための司法警察活動であるとする捉え方もありうる。この捉え方のもとでは、海賊対処法6条の停船射撃は海上保安官の司法警察活動という任務に伴う武器使用ということになるため、海賊行為

を行う船舶を停船させた後は、犯人の逮捕、捜索差押、証拠収集等の司法手続を進めることになる。

他方で、著しい接近等の海賊行為は、海賊船舶がこれを止めない限り継続・反復するものであり、この場合、既遂の部分については刑事司法手続を進めることができるが、継続・反復しようとする部分についても、これを予防し危害を除去するという行政警察目的のために当該犯罪を鎮圧することもできる。そこで、制止行為を海賊行為の継続・反復を防止するための現行犯罪の鎮圧という行政警察活動であるとする捉え方もある。この捉え方では、海賊対処法6条の停船射撃は海上保安官の行政警察活動という任務に伴う武器使用ということになるため、現行犯罪が終了し、または制止を必要とする事態が解消した場合には、現行犯罪の鎮圧としての実力の行使は終了しなければならない。また、停船後に海上保安官が犯罪捜査のために引き続き身柄を拘束する必要があれば、刑事訴訟法の定める要件に従って手続を進めることになる。

海賊行為者は被害船舶に乗り込むためには小銃やロケット・ランチャーといった武器を使用することもいとわないのであって、海賊対処法2条6号の海賊行為（他の船舶への著しい接近等）が行われている事態は、そういった武器の威力を背景に、被害船舶にまさに乗り込もうとする急迫した事態である。また、海賊行為者が被害船舶に乗り込んでしまうと被害船舶の乗組員等の生命、身体や財産に重大な法益侵害が生じるおそれがあり、さらにひとたびそのような状況に陥ると、船舶の特殊性（接近・移乗時に犯人に発見されやすく、内部構造が複雑であるなど）から、被害船舶に移乗して海賊行為者を拘束し、被害船舶の乗組員を救出するといった対応は困難となる。

海賊対処法2条6号の海賊行為が現に行われている事態は、被害船舶に海賊行為者が乗り込み、被害船舶の乗組員の生命・身体や財産等の法益が侵害される重大な危害の発生が目前で飛躍的に高まっている状況であり、当該海賊行為をやめさせる、すなわち、現行犯罪を鎮圧することが、被害船舶の乗組員の生命等の保護に直接結びつくものといえる。つまり、被害船舶の乗組員の生命等を保護するためには、まずは、海賊対処法6条の停船射撃によって犯人を逮捕することよりも、海賊行為を継続・反復させない、すなわち当該状況を鎮圧することが重要となる。

したがって、海賊対処法6条の制止行為は行政警察活動たる現行犯罪の鎮圧であり、海賊対処法6条の停船射撃は庁法2条の「海上における犯罪の予防及び鎮圧」という行政警察活動に関する任務規定を根拠とする武器使用であると解するのが妥当である。

また、海賊対処法2条6号の海賊行為（他の船舶への著しい接近等）が現に行われている状況において、海賊船舶に接近して対処することが困難であること等を考慮すると、当該状況において海賊対処法6条の停船射撃は他の制止の措置に従わない海賊船舶を停船させるための唯一の手段であるといえる。それゆえ、海賊対処法2条6号の海賊行為の継続・反復を鎮圧することが被害船舶の乗組員の生命等の保護に直接結びつくこと、急迫した事態であること、海賊対処法6条の停船射撃が唯一の手段であることから、海賊対処法6条の停船射撃は海賊船舶に対する必要な実力行使として許容されるといえる。

第2節　海賊対処法6条の停船射撃と警職法7条1号の危害射撃の関係

海賊対処法2条6号の海賊行為の法定刑は5年以下の懲役（海賊対処法3条3項）であり、また当該海賊行為は被害船舶の乗組員の生命等の法益侵害に結びつくものであるから、当該海賊行為は凶悪犯罪である。他方で、警職法7条1号は凶悪犯罪（「死刑又は無期若しくは長期三年以上の懲役若しくは禁こにあたる兇悪な罪」）の現行犯人等に対する武器使用について規定している。それゆえ、警職法7条1号と海賊対処法6条は凶悪犯罪が行われている状況等における武器使用という点で共通している。そこで、警職法7条1号と海賊対処法6条のそれぞれの武器使用要件の比較を通じて、両者の関係を整理する。

1　両者に共通する要件

(1) **必要性**　警職法7条本文では、「必要であると認める相当な理由」という要件が使用要件として規定されている。ここで、海上保安官が武器を使用する場合には庁法20条1項で準用する警職法7条の使用要件が前提となるので、この要件は海賊対処法6条の停船射撃を行う場合にも適用される。「必要であると認める相当な理由」とは、武器の使用が犯人の逮捕等の目的のために必要

な合理的な手段であると客観的に認められることをいう。

(2) **比例性**　「その事態に応じ合理的に必要と判断される限度」という狭義の比例原則をふまえた要件が、警職法7条本文および海賊対処法6条で規定されている。狭義の比例原則とは、目的に対して手段が著しく不釣合いであってはならないとする考え方である。海賊対処法6条では狭義の比例原則の要件が2度規定されていることになるが、これは、海賊対処法6条の停船射撃を行う場合であっても、できる限り人に危害を与えないよう、慎重に運用すべきことを強調するためであると解される。「その事態に応じ合理的に必要と判断される限度」は、個々の事態ごとに、武器の使用により守られる法益の性質、相手方の抵抗の有無および態様、凶器の有無および種類、危険の急迫性等を総合的に勘案し、社会通念に照らして合理的に判断することとなる。

(3) **非代替性**　警職法7条1号および海賊対処法6条では、「他に手段がないと信ずるに足りる相当な理由」と規定している。「他に手段がない」とは、人に危害を与えるような方法で武器を使用するのでなければ目的を達成することができないこと（手段の補充性）を意味する。他の手段によることが可能か否かは、武器の使用の時点で認識しうる事情に基づき、社会通念に照らして合理的に判断することになる。

2　両者で異なる要件

(1) **目的**　警職法7条1号の危害射撃の目的は「抵抗・逃亡の防止又は逮捕」であり、他方で、海賊対処法6条の停船射撃の目的は「現に行われている……海賊行為……の制止」である。警職法7条1号における凶悪犯罪とは、緊急逮捕が許される罪であるだけでなく、「その性質や態様において、社会に著しい不安や恐怖を生じさせるもの、人の生命や身体を直接に害するものその他人の生命や身体を害するおそれがあって人を畏怖させるような方法により行われるもの」（古谷2007, pp.396-397）であることから、凶悪犯罪の犯人等がその者に対する職務執行に抵抗するのを防止することは行政警察活動である。海賊対処法6条の制止行為を前述のとおり行政警察活動であると解するとすると、海賊対処法6条の目的は、警職法7条1号の目的のうち、「抵抗・逃亡の防止」について、海賊行為の制止に特化したものであるといえる。

(2) **客体**　警職法7条1号の危害射撃の客体は、死刑または無期もしくは

長期三年以上の懲役もしくは禁こにあたる凶悪な罪を現に犯し、若しくは既に犯したと疑うに足りる充分な理由のある者（およびその者を逃そうとする第三者）であり、海賊対処法 6 条の射撃の客体は、現に海賊対処法 2 条 6 号の海賊行為を行っている船舶（海賊船舶）である。

警職法 7 条 1 号の危害射撃は抵抗・逃亡の防止または逮捕が目的であるから、海上においては、抵抗・逃亡の用に供される船舶も客体に含まれる。

海賊対処法 6 条の客体は、警職法 7 条 1 号の客体のうち、海賊対処法 2 条 6 号の海賊行為を行っている船舶に特化したものといえる

(3) **客体の行為態様**　警職法 7 条 1 号の危害射撃の客体の行為態様は「警察官の職務の執行に対して抵抗」することであり、海賊対処法 6 条の客体の行為態様は「他の制止の措置に従わず……当該海賊行為を継続」することである。「抵抗」とは、適法な職務執行を積極的にまたは消極的に妨害または拒否して、その執行の目的達成を不可能または困難にさせることであると解される。海賊対処法 2 条 6 号の海賊行為を行っている船舶が警告等の手段による制止の措置に従わずに海賊行為を継続する場合、たんに制止の措置に従わないことをもって直ちに海上保安官や自衛官の職務執行を妨害等したといえるのか、その判断は容易ではない。

そこで、当該海賊行為が警職法 7 条 1 号における「職務の執行に対して抵抗」の要件を満たすのか否かの判断を経由することなく、海賊行為に対処できるようにするために、海賊対処法 6 条は、海賊対処法 2 条 6 号の海賊行為への対処に限り、警職法 7 条 1 号の規定を補完するものとして、同号の「抵抗し」という要件に代えて「他の制止の措置に従わず、なお船舶を航行させて当該海賊行為を継続しようとする場合」という要件を用いることで、物理的に航行機能を失わせるために船舶の機関部や舵等に対して射撃するなど、海賊船舶を停船させるための武器使用を可能にした規定であると解される。

3　小括

警職法 7 条 1 号と海賊対処法 6 条の武器使用要件の比較を通じて、両者は必要性・比例性・非代替性といった武器使用にかかる基本的要件は共通しており、武器使用の目的・客体・客体の行為態様の 3 点については、両者は一般規定と特別規定の関係にあるといえる。

第3節　海賊対処法6条の停船射撃と庁法20条2項の停船射撃の関係

　海賊対処法における海賊行為には、国際法上の海賊行為（**第7章石井論文参照**）にあたる公海上で行われた行為のみならず、日本の領海または内水で行われた行為も含まれている（同法2条）。このことは、公海における「海賊行為」と同様の行為が日本の領海および内水で行われた場合に、海賊対処法とそれ以外の刑法（刑法典と海賊対処法以外の特別刑法）で罰則の不均衡が生じてしまうこと等を回避するためである。日本の領海または内水において外国船舶が航行中の他の船舶に対して海賊対処法2条6号の海賊行為を行っており、さらに、当該行為が庁法20条2項1号の「無害通航でない航行」に該当する場合、当該船舶に対する武器使用において両者の適用関係が問題となる。そこで、**本節**では、庁法20条2項と海賊対処法6条それぞれの武器使用要件の比較を通じて、両者の関係を整理する。さらに、その前提としての庁法20条2項の停船射撃の可否についても検討する。

1　庁法20条2項の停船射撃の可否

　庁法20条2項の停船射撃は、「外国船舶と思料される船舶」に対して行政警察活動として庁法17条1項に基づき停船を繰り返し命じても、同船舶がこれに応じず、なお抵抗または逃亡しようとする場合において、同船舶を停船させるために他に手段がないときに認められる武器使用である。それゆえ、庁法20条2項の停船射撃の可否は、当該停船射撃が庁法17条1項の立入検査の実効性の担保として必要最小限度の実力行使であるといえるかという問題である。

　庁法17条1項の立入検査のための停船命令に従わず抵抗または逃亡する船舶に対し武器を使用する場合、保護される法益は海上保安官の立入検査権であり、侵害される法益は対象船舶の乗組員の生命・身体・財産といった法益にまで及ぶ可能性がある。それゆえ、この2つの法益を比較した場合、当該比較の結果のみをふまえれば、武器の使用は許されないことになる。

　そこで、庁法20条2項は、停船命令に従わず、抵抗または逃亡しようとするという要件に加え、同条項の1号から4号までの要件を課すことによって、

事態の急迫性や抵抗の態様を具体的に明らかにして、必要最小限度という比例原則をふまえた武器の使用を実現しようとするものであると解される。

そして、同条項の1号から4号までの要件がすべて充足された場合、保護されるべき法益は将来における重大凶悪犯罪の発生によって侵害されるおそれのある国民の生命、身体等およびそのような重大凶悪犯罪の発生を未然に防止するための海上保安官の立入検査権である。

したがって、これらの要件をすべて充足した場合には、庁法20条2項の停船射撃は、庁法17条1項の立入検査の実効性の担保としての必要最小限度の実力行使であるとして許容される。

2 両者に共通する要件

必要性（警職法7条本文の使用要件は庁法20条2項の停船射撃の前提条件である）、比例性、非代替性の要件が共通する。

3 両者で異なる要件

(1) **目的**　庁法20条2項に基づく停船射撃の目的は庁法17条1項の立入検査の実効性の担保であり、他方で、海賊対処法6条の停船射撃の目的は、現に行われている海賊対処法2条6号の海賊行為の制止である。すなわち、前者は行政警察活動としての行政調査の実効性を担保するためのものであるのに対して、後者は同じ行政警察活動であっても現行犯罪の鎮圧が目的であるため、両者の目的は異なる。

(2) **客体**　庁法20条2項に基づく停船射撃の客体は（国連海洋法条約19条に定める）「無害通航でない航行を行っている外国船舶と思料される船舶」であり、海賊対処法6条に基づく停船射撃の客体は現に海賊対処法2条6号の海賊行為を行っている船舶である。ただし、無害通航でない航行を行っている外国船舶と思料される船舶であっても、海上保安庁長官が庁法20条2項各号のすべてに該当する事態であると認めなければ、庁法20条2項に基づく停船射撃の客体とはならない。

庁法20条2項の客体には客観的な要件の充足に加え海上保安庁長官による事態認定まで要求されるのに対し、海賊対処法6条の客体は客観的な要件の充足のみで足りるという点で、両者の客体は異なる。

(3) **客体の行為態様**　庁法20条2項に基づく停船射撃の客体の行為態様は、

海上保安官等の職務の執行に対して抵抗することであり、海賊対処法6条に基づく停船射撃の客体の行為態様は「他の制止の措置に従わず……当該海賊行為を継続」することである。

4　小括

庁法20条2項と海賊対処法6条の武器使用要件の比較を通じて、両者は必要性・比例性・非代替性といった武器使用にかかる基本的要件が共通しているが、他方で、武器使用の目的・客体・客体の行為態様の要件については異なることが明らかとなった。日本の領海または内水において外国船舶が航行中の他の船舶に対して海賊対処法2条6号の海賊行為を行っており、さらに、当該行為が庁法20条2項1号の無害通航でない航行に該当する場合、海賊対処法6条の停船射撃と庁法20条2項の停船射撃は目的・客体・客体の行為態様が異なるのであるから、それぞれの要件を充足する限りにおいてそれぞれの停船射撃が可能である。

おわりに

近年のソマリア沖およびアデン湾での海賊行為については、商船・軍艦の区別なく武器による攻撃を行うなど凶悪化しており、これらの海賊行為の対処にあたる海上保安官や自衛官による警察権限の行使の実効性担保としての物理的な手段である武器の使用については、対峙する状況に応じた使い分けが必要となる。

現在、海上保安官が行いうる船体射撃は、庁法20条1項で準用する①警職法7条本文の射撃、②警職法7条1号および2号の射撃、③警職法7条ただし書の射撃のほか、④庁法20条2項の射撃、⑤海賊対処法6条の射撃の5種類であり、これらのうち①以外は危害射撃である。警職法7条1号と海賊対処法6条は、必要性・比例性・非代替性といった武器使用にかかる基本的要件が共通しているものの、武器使用の目的・客体・客体の行為態様の3点については異にする。そのため、現に行われている海賊対処法2条6号の海賊行為の制止にあたる場合は、警職法7条本文の使用要件の充足を前提としつつ、最終的には海賊対処法6条の停船射撃で対処し、他方で海賊行為の制止以外の場合につ

いては、同じく警職法7条本文の使用要件の充足を前提として、同条1号の危害射撃を行うことも法的には許容される。

主要参考文献・資料

古谷洋一編, 2007,『注釈　警察官職務執行法〔再訂版〕』(立花書房).
服部真樹, 2002,「法令解説　テロ対策関連3法（3）不審船を確実に停船させるための武器使用の拡充——海上保安庁法の一部を改正する法律」『時の法令』第1659号, pp. 48-57.
海上保安庁, 2011,『海上警察権のあり方に関する検討の国土交通大臣基本指針』.
金子仁洋, 2009,『新版　警察官の職務執行』(東京法令出版).
警察制度研究会編, 2005,『注解　警察官職務執行法』(立花書房).
中谷和弘, 2009,「海賊行為の処罰及び海賊行為への対処に関する法律」『ジュリスト』第1385号, pp. 62-68.
須藤陽子, 2007,「『即時強制』の系譜」『立命館法学』第314号, pp. 938-1005.
須藤陽子, 2008,「『行政調査』に関する一考察」『立命館法学』第320号, pp. 905-929.
須藤陽子, 2008,「比例原則と違憲審査基準——比例原則の機能と限界」『立命館法学』第321・322号, pp. 1620-1634.
田村正博, 2001,『四訂版　警察行政法解説』(東京法令出版).
鶴田順, 2009,「海賊行為への対処」『法学教室』第345号 (2009年6月号), pp. 2-3.
立松慎也, 2009,「法令解説　海賊対処法の制定——公海におけるあらゆる船舶の航行の安全を確保し、海上における公共の安全と秩序の維持を図る——海賊行為の処罰及び海賊行為への対処に関する法律」『時の法令』第1847号, pp.43-54.
宇佐美淳, 2010,「安全保障分野における防衛作用と警察作用の流動的作用に関する一試論——海賊対処法における武器使用基準及び国会関与の問題を中心に」『国際安全保障』第38巻第1号, pp. 20-38.

理解を深めるために
コラム② 海上法執行活動における「実力の行使」

　停船命令を無視して逃走する外国船舶等に対する「武器の使用」(use of weapon) など、海上法執行活動における「実力の行使」(use of force) については、これまで国際裁判などにおいてその法的評価が求められることは少なく、1929年に発生し米国と英国が争った「アイム・アローン号事件」、1961年に発生し英国とデンマークが争った「レッド・クルセーダー号事件」、そして、1997年に発生しセント・ビンセントとギニアが争った「サイガ号事件」、2000年に発生しガイアナとスリナムが争った「CGX事件」が代表的な事案である。これらの事案を通じて整理されてきた海上法執行活動における「実力の行使」に関する基本的な考え方は、①武器の使用は可能な限り回避されなければならず、また、武器の使用が不可避である場合においても、②武器の使用がその状況において合理的かつ必要な限度内のものでなければならないとするものである。このような「実力の行使」に関する基本的な考え方は、例えば、「ストラドリング魚類及び高度回遊性魚類資源保存管理に関する協定」22条1項(f)や「海洋航行不法行為防止条約改正議定書」8条の2(9)などでも採用されている。

　海上法執行活動における「実力の行使」は、「海洋法に関する国際連合条約」(以下「国連海洋法条約」とする) 301条や国際連合憲章2条4項などが禁止する「武力の行使」(use of force) や「武力による威嚇」(threat of force) とは異なる。国連海洋法条約は「武力による威嚇または武力の行使」を禁止しつつ、締約国が領海、接続水域、排他的経済水域、公海のそれぞれの海域に対応した事項に関する執行管轄権を行使することを許容していることから、海上での法執行活動と軍事活動を区別していると解されるが、両者の境界は必ずしも明確とはいえない。

　2000年6月、ガイアナとスリナムの大陸棚の係争海域において、ガイアナとの石油利権契約に基づき地盤掘削活動を行っていたカナダのCGX社のS号に対し、スリナム海軍の巡視船が「12時間以内に退去せよ。さもなくば、結果はあなた方次第である。」との警告を行った。本件の付託を受けた仲裁裁判所は、法執行活動における「実力の行使」は不可避であり合理的かつ必要である限り許容されるとのスリナムの主張を認めつつも、S号による掘削は両国の大統領レベルの交渉対象にもなっていたことなどをふまえ、本件におけるスリナムの行動は法執行活動というよりは軍事活動における威嚇であるとして、国連海洋法条約、国連憲章や一般国際法のもとで禁じられた「武力の行使の威嚇」を構成すると判示した。

　CGX事件におけるこのような判示を一定程度参考にすると（このような判示に従うと海上での強い警告が一切許容されないことになるとの批判もある）、海上での権限行使の国際法における性格決定については、(1)いかなる状況で（領有権や境界画定をめぐって国家間で紛争・対立のある海域での権限行使であるかなど）、(2)いかなる法的評価のもとに（権限行使の対象者の行為が主権侵害であるのか、国際法上の権利侵害・義務違反であるのか、自国の領海における外国船舶による「無害ではない通航」であるのか、国内法令違反であるのかなど）、また(3)いかなる目的の権限行使がなされているか（行政的に是正措置を講じるという目的か、被疑者を逮捕し自国の刑事司法手続きに乗せるという目的かなど）などの基準によって決せられる。少なくとも、当該権限行使の主体の各国の憲法や組織設置法などの国内法における位置付けが海軍ではなく海上法執行機関であるからといって、その権限行使が、国際法上、当然に法執行活動にあたるわけではない。各国政府の海上法執行機関所属の公用船舶による権限行使が国際法の観点からどのように評価され、国際法上、法執行活動にとどまる権限行使であるといえるのかについて、検討・整理しておく必要がある。

　　　　　　　　　　　　　（鶴田 順）

第5章　国際法における国家管轄権行使に関する基本原則

竹内　真理

はじめに

　国家は、様々な分野における様々な事象に対して法を制定し、具体的な事案においてそれを適用し、執行している。このような国家の統治権・規制権限を総称して、国家管轄権という。

　国家管轄権は、統治の基本的単位である領域内の人や物または活動に対して行使される。もっとも、国境を超えた人や物の移動が大量かつ頻繁になり、経済関係の相互依存が深化した今日の国際社会においては、領域内の活動の規制のみで国家の秩序を維持することはもはや不可能である。さらには、個別国家の利益に還元できない国際共同体の利益が観念されるようになった結果、たとえ一国の領域内で完結する行為であったとしても、国際社会の構成員全てが利害関心を持ちうるとされる事項が認められるようになっている。こうした状況への対処として、諸国家は、さまざまな分野において自国領域外の活動に対して規制を拡大してきた。これは、国家間での規制権限の重複（concurrence）を生じさせ、それは時として権限の衝突（conflict）へと発展している。

　このような現象は、国家間に主張の重複や対立があるという点で「国際」的であり、こうした状況を交通整理し管轄権の適切な配分を行うのが国際法の役割であると説かれる[1]。もっとも国際法規則がどのように、またはどの程度そうした整理や配分を行いうるのかについては、必ずしも見解の一致を見ていない。**本章**では、国内法の制定、適用及び執行が第一義的には国家機関の判断に

---

　(1)　Mann, 1964, p.15; Simma & Müller, 2011, p.136; 小松 2015, p.29.

基づいて行われるものであり、したがってその判断には国内的な考慮と国際的な考慮の双方が関与することに留意しながら、管轄権行使に関する国際法規則の役割について検討することとしたい。

なお、検討に先立って、管轄権の分類について付言しておこう。国際法上、国家は一つの統一体ととらえられるから、どの国家機関が権限を行使するか、また行使される権限の内容がどのようなものであるかにかかわらず、管轄権の行使はすべて国家の行為とみなされる。もっとも、学説上は管轄権をいくつかのカテゴリーに分類するのが一般的である。代表的なものは、権限の行使主体（立法機関、司法機関、執行機関）に主として着目する3分類法（立法／司法／執行管轄権）[2]と、行使される権限の作用に着目する2分類法（規律／執行管轄権）[3]であるが、国際法の規制は国内的な権限配分に必ずしも対応していないことから、学説の多くは2分類法を採用する傾向にある。本章でも権限の作用に着目する立場に立って管轄権を2つに分類し、規律管轄権を、国内法の適用範囲を決定する国家の権限、執行管轄権を、具体的事案において国内法を適用またはその内容を実現する国家の権限──ここには、裁判において法を適用して事案を処理することと、法の適用を前提に、強制捜査や逮捕などの強制措置または任意の事情聴取や立入検査などの非強制的措置を講じることが含まれる──とそれぞれとらえることとする。もっとも、作用に着目したとしても、分野によっては、国際法の規制のあり方に応じて執行管轄権をさらに裁判権の行使と行政上の強制措置とに区分することが有益だと考えられるものもあり[4]、本章の立場はそうした区分を否定するものではない。

---

(2) Restatement (Third) of the US Foreign Relations Law(1987), §401. もっとも3分類法をとった場合でも権限の行使主体と管轄権の分類とは完全に対応しているわけではないことに注意する必要がある。とくに立法管轄権に関しては、立法機関による国内法の制定のみならず、行政機関による国内法の観念的適用も含まれる。

(3) Mann, 1964, p.14; Staker 2014, pp.312-313, 小松 2015, 32.

(4) たとえば、主権免除の分野においては、裁判権からの免除が認められない場合であっても、強制執行からの免除が認められる場合が広く残されている。また、公海上の海上警察権の分野においては、海賊行為のように、旗国以外の国家に対して臨検から裁判権の行使までが連続して包括的に認められる類型がある一方で、奴隷貿易のように、旗国以外の国家には臨検の権利が認められるものの、当該臨検国が引き続き裁判権を行使することが認められないものがある。

第1節　管轄権行使に関する国際法の規制

1　他国領域内での執行管轄権の行使を規制する国際法の枠組み

　国際法が国家管轄権に及ぼす規制のうち、もっとも直接的かつ明瞭なのは、国家は特別の許容規則によらずに他国の領域内で権限を行使してはならないというものである。したがって、一国が他国の領域内で、その同意なくして、犯罪の捜査や証拠の収集、逮捕、裁判、判決の執行などを行うことは国際法上認められない。これは、国家が領域主権に基づいて自国領域内での権力行使を独占していることの直接の帰結であるといえ、常設国際司法裁判所の1927年のロチュース号事件判決において確認されて以降[5]、今日に至るまで確立した原則として支持されている。

　この原則の適用に関して問題となりうるのは、他国領域内での行使が禁止される行為の範囲である。一方で、他国領域内での被疑者の身柄拘束など、強制性を伴うものは、国家権力の発現そのものとして他国領域内での行使が認められないことは明らかである。たとえば、イスラエル政府要員が、第2次世界大戦中のユダヤ人虐殺の実施責任者であったアイヒマンを、アルゼンチン政府の同意なくしてその領域から連れ去った行為は、他国領域内での強制力の行使にあたり、国際法に違反する行為である。他方で、一見してそうした強制性を伴わないものについてどのように考えるかが問題となるが、学説は、禁止される行為は、行為の性質（国家機関にしか行いえないようなものか）および目的（国家政策の遂行に関するものであるか）に照らして判断されるため、その要件として強制性は必ずしも必要ではない、すなわち強制制を伴わない行為であっても国際法に違反しうるとしている[6]。

　日本の実務においても、外国領域内での行使が禁じられる公権力の行使を、「国家機関が法令に定める権限に基づいて行う命令的、強制的ないし権力的な性格を持つ職務行為」として、国家権力の現実的行使と広くとらえる傾向にあ

---

(5)　PCIJ Series A, No.10, p.18.
(6)　Akehurst, 1972-73, pp.146-147.

り、強制性を伴わない任意の事情聴取や立入検査なども権力的、強制的行為と不即不離の関係にある限りは含まれるとされる[7]。また裁判例としては、旧ソ連総領事が自国民に対して日本国内で行った禁治産宣告について、「国家機関が個人の行為能力に制限を加える行為であり、公権力、とくに広義の裁判権の行使たる国家行為」であって、他国領域内においてその同意なくして行うことができないとしたものがある[8]。

　なお、領域国が事前に同意を与えておく例としては、外国軍隊の駐留を受け入れる国が、派遣国に対して自国領域内での軍隊構成員への裁判権や懲戒権の行使を認めるものや（在日米軍の地位協定など）、米国とカリブ海諸国の多くが締結している麻薬取締のための二国間協定のもとで、カリブ海諸国が、自国領海内での米国艦船による容疑船舶の追跡・逮捕を認めているものなどがある。

2　他国領域内での活動に対する規律管轄権行使を規制する国際法の枠組み

（1）管轄権の権原　他国領域内での権限行使が国際法上明確に禁止されているのに比べ、国家が他国領域内で生じた事案に法を適用し、自国領域内でそれを執行することに対する国際法の規制はそれほど明確ではない。とりわけ規律管轄権の根拠をめぐっては、国内的な考慮と国際的な考慮との区別が曖昧であり、不明瞭な点が多く残されている。

　刑事法分野では、多くの国家が、法の適用対象と自国の秩序や法益との間に何らかの関連があることを基準として、国内法を適用するという方式を採用しており（属人主義、保護主義、受動的属人主義など）[9]、これらは管轄権の諸原則と呼ばれる。

　刑法の目的が、法益の保護にあることからすれば、このような関連が求められることは、国内法上の要請として自然なことである[10]。しかしそれが国際法上の管轄権の権原でもあるかどうかについては、別途検討を要する。この点につき、国際法の学説は大きく2つに分かれる。1つは、上記ロチュース号事

---

　(7)　小松 2015, p.34.
　(8)　東京高判1994（平成6）年2月22日、判夕862号295頁。
　(9)　日本の刑法において採用されている諸原則については、第2章 刑法における国内犯と国外犯（北川）を参照。
　(10)　第3章 刑法における普遍主義（日山）を参照。

件の多数意見が採用したもので、国家管轄権の行使は主権に基づく作用であって、上記諸原則は国内法上の基準にすぎず、国際法の禁止に触れない限り国家は自らの選ぶ基準を自由に採用し法を適用できるという（主権内在説）[11]。これによれば、一見して国家と事案との関連を欠くいわゆる普遍主義に基づく管轄権行使についても、国際法の禁止規則に触れない限りで認められることになる。もう1つは、管轄権は国際法によって国家に与えられた権限であるとみて、上記諸原則をそうした権限を付与する規範と考えるものである（特定権限説）[12]。これによれば、普遍主義に基づく管轄権は条約や慣習法によって特別に正当化されねばならず、その例として、航空機不法奪取防止条約をはじめとするテロ関連条約や拷問条約のように、被疑者が所在するという以外に犯罪とは関連を有しない締約国に対し引渡か訴追かを選択する義務を課すものが挙げられる。

　主権内在説は、国際法の学説において厳しく批判されてきた。たとえば、この見解は国家主権の絶対性に依拠し国家の自由を無制限に認めるものであって、今日の国際社会においてはもはや妥当しえないといわれる[13]。また、国家が他国の管轄権行使を非難する場合には、禁止規則の有無ではなく、それが国際法上許容されていないということを問題にするのであり、したがって国家実行において主権内在説は従われていないとも指摘される[14]。

　こうしたことから、国際法の学説の多くは特定権限説を支持している。もっとも、特定権限説にも問題がないわけではない。そもそも管轄権の諸原則は、国際法の許容規則というよりは各国の国内法の最大公約数的なものにすぎず、管轄権行使が合理的であることを推定させるものでしかないと指摘される[15]。また、ある事項に法を適用できるどうかについては、管轄権行使が諸原則に合致しているというだけでは判断しえず、それが他国に与える影響を考慮しなければならないとも主張される[16]。

---

(11)　PCIJ Series A, No.10, p.19.
(12)　Mann 1964, p.11; Simma & Müller 2011, p.137.
(13)　Arrest Warrant of 11 April 2000 (Democratic Republic of the Congo v Belgium), ICJ Reports 2002, Joint Separate Opinion of Judges Higgins, Burgenthal and Kooijmans, p.78, para.51.
(14)　Staker 2015, p.315.
(15)　Crawford 2012, p.477; Ryngaert, 2015, Ch.5.
(16)　Bowett 1982, p. 15.

(2) 管轄権行使の合法性 以上のように管轄権行使の国際法上の評価と言う観点からは、諸原則の役割は決定的ではない。そこで学説は、ある事項に規律を及ぼすことが他国の権利を侵害するかどうかという管轄権行使の合法性のレベルに判断基準を求める傾向にある[17]。

この点で適用可能であるとされる国際法の規則は、内政不干渉原則である[18]。たしかに、ある国内法規定が、外国領域内の個人に対して当該領域国の秩序に反するような行動を命ずるようなものであり、かつ現実に個人にそのような行動をとらせる効果をもつのであれば、内政不干渉原則に照らして問題となりえよう。実際に、経済法分野においては、米国の効果理論に基づく反トラスト法の適用や、経済制裁の一環として外国における外国企業を含む私人に輸出管理法の適用を可能にする立法が、諸外国から主権侵害であると非難され、それらの国による対抗立法を招くこととなった[19]。これらの事案においては、関連する法が米国特有の政策を遂行するものであり、かつ米国自身が自国内に所在する外国企業の財産や子会社への執行を通じて、領域外の外国企業の活動をもコントロールしえたことが、企業の本国にとって自国秩序に対する脅威と認識されたのである[20]。

もっともこのような図式は刑事法には必ずしも当てはまらない。法政策が国によって大きく異なりうる経済法分野とは異なり、刑事法分野においては、とくに個人の生命や身体に関する罪については各国で共通する部分が多く、したがってそれが外国領域内での行為に適用されるとしても、ただちに当該領域国の秩序に反する行為を命ずることにはならない場合が大半である。さらに、関係国間で法の内容が違う場合であっても、刑事法分野においては法を執行しうるのは個人の身柄を確保している国のみであることから、当該個人が外国に留まっている限り、規律管轄権の行使は法による命令としての実際上の効果をも

---

(17) なお、このような判断基準を採用する場合には、主権内在説と特定権限説のいずれに立っても管轄権行使の国際法上の評価にはほとんど差はないことになる。
(18) Gerber 1984-1985, p.212.
(19) 小寺 1998, pp.354-360.
(20) 米国の輸出管理法の域外適用に対するヨーロッパ共同体の抗議につき、European Communities: Comments on the U.S. Regulations Concerning Trade with the U.S.S.R., *International Legal Material*, Vol.21 (1982), pp.891-904.

ちえず、したがってその活動に影響を与えるとは考えにくい。要するに、外国領域内の行為に対する刑法の適用が内政干渉を構成する場合というのは、現実にはほとんど想定しえないのである[21]。

第2節　管轄権行使に対する国際的な制約

　以上のように、少なくとも刑事法分野に限っていえば、権原のレベルはもとより合法性のレベルにおいても、規律管轄権の行使に関する国際法の規制は極めて未成熟な状態にあるといわねばならない。何をもって自国の秩序に影響する法益侵害とみなすかは、第一義的には秩序維持の担い手である国家自身の決定に委ねられているのであり、それに対して国際法は、他国領域内での管轄権行使を禁止するという以上にほとんど制約を課してはいないのである。
　しかしながらこのように規律管轄権に対する国際法の規制が未成熟であるということは、各国がいかなる自国の国内法をも自由に適用しうることを意味しない。領域主権概念は他国の規律管轄権行使を禁止するものでないとしても、なお一定の制約として作用しうる。さらに、被疑者の個人法益も法適用に対する制約要因となりうる。以下ではこれら制約の内容を明らかにし、それとの関連で管轄権の諸原則や条約の位置づけについても考察することとしたい。

1　国家間関係における制約

（1）　領域主権の作用　　①権限行使の必要性に対する制約　　外国領域内の事案に法を適用することは禁止されていないとしても、なお、領域国は他の国に対して優越的な立場にある（属地主義の事実上の優越性）[22]。これは、第1に、国家が領域主権に基づいて自国領域内の実力行使を独占していることに由来する。すなわち、一国の領域内で捜査や逮捕を合法的に行いうるのは、領域国のみであり、実際にも、多くの場合において被疑者や証拠が所在するのは犯罪行為地である。したがって、捜査や逮捕の能力という点で、通常は領域国が最も有利な立場にある。また通常は、被疑者は所在地の法や言語を解すると考えられるの

---

(21)　小寺 2004, p.99.
(22)　山本 1991, p.140.

であり、公正な裁判を確保する能力という点でも領域国は有利な立場にあるといえる[23]。第2に、領域国は、自国内の犯罪により直接的に秩序を侵害されることから、犯罪の抑止という点で訴追や裁判に対する利害関心を強く持つ。それゆえ通常は領域国がそれらに最も意欲的であるとみなされる[24]。

このような犯罪取締りの能力と意思における属地主義の優越性は、他国の法政策において、域外で発生した行為の国内法による規制を抑制するよう働く。すなわち、第1に、領域国の取締りが期待できるのであれば、たとえ自国の利益が侵害される場合であっても、国家には敢えてコストのかかる国外犯処罰を行う必要性はない。第2に、他国領域内の行為に対する管轄権行使は、当該領域国の取締りの能力や意思に対する不信ととらえられうるから、国家間の友好関係の観点からも望ましくない。日本の法政策上の国際協調主義が、外国で自国のあるいは自国民の利益が侵害されても、他国の法的処理を信頼し、犯罪の処理を委ねるべきであると説く[25]のは、こうした点を反映したものであるといえよう。実際に、1907年の旧刑法3条2項は、一定の罪について国民に対する国外犯の処罰を定めていたが（受動的属人主義）、この規定は、1947年の刑法改正において「国際主義」の観点から望ましくないとの理由で削除されている[26]。

もっとも、領域国の取締りは常に期待できるわけではなく、上述の制約の程度は状況によって変わりうることに注意しなければならない。取締りの能力については、国境を超えた人や物の移動が大量かつ頻繁になれば、被疑者や証拠の所在が拡散することになり、それにともなって領域国による捜査や逮捕の実効性は相対的に低下する。取締りの意思についても、被侵害利益を保護することについて領域国が利害関心を持たないような場合や、国家機関自身が何らかの形で侵害行為に関与しているがゆえにそもそも取締りを期待できないような場合もある。

実際に、諸国家が自国刑法の適用範囲を拡大してきた背景には、領域国の取締りが期待できないことによって自国による管轄権行使の必要性が認識された

---

(23) Cassese et al. 2013, p.275.
(24) Mullan 1997, p.17.
(25) 堀内 1999, pp.8-9.
(26) 『第1回国会衆議院司法委員会議録6号』（1947年7月28日）,p.16.

ことがある。たとえば、通貨偽造や国家反逆罪のような国家利益に関わる罪については、多くの国が外国人の国外犯を処罰する国内法を制定している（保護主義）。これは、領域国の秩序がこのような外国国家の利益に対する侵害行為によってはあまり影響を受けないことから、一般に領域国が取締りに消極的であることに由来するものであるといえる。また、ジェノサイドや人道に対する罪などの国際犯罪に対して、その多くが一国内で完結するものであるにもかかわらず他国が管轄権を設定する例が増加しつつある（普遍主義）。その背景には、このような犯罪が国際共同体の利益を侵害するというばかりでなく、実際にそれが行われる場合の大半が内戦時や独裁政権下であることから、領域国の取締りをそもそも期待できないという事情が存在する[27]。普遍管轄権行使が国際犯罪の不処罰の不許容という観点から役割を果たしうることが了解されつつあるのは[28]、このような状況において、領域国以外の国による管轄権行使の必要性の認識が共有されつつあることを示すものといえよう。

日本が2003年に刑法3条の2において受動的属人主義を再び採用した背景にも、同様の事情があった。直接のきっかけとなったいわゆるタジマ号事件（コラム①）においては、公海上の便宜置籍船内で起きた日本国民の殺害に対し、旗国であるパナマが当初処罰に積極的ではなく、また加害者の国籍国であるフィリピンには自国民の国外犯を処罰する規定がなかった。このような場合に被害者の国籍国として処罰を行いうるよう管轄権を設定しておく必要が認識されたのである[29]。

②権限行使の実効性に対する制約　　上述のように一国が必要性の認識に基づいて法を制定したとしても、常にそれを適用して訴追や裁判を行うことができるわけではない。域外行為が問題となる事案においては、被疑者や証拠は外国に所在することがほとんどであるが、管轄権行使国は、所在地国の領域主権のた

---

[27]　Cassese et al. 2013, p.271.
[28]　竹内2011, pp.62-63. 国連総会の第6委員会で2009年から続けられてきている審議（「普遍的管轄権の射程と適用」）においても、普遍的管轄権のそうした役割自体については見解の一致があり、懸念が表明されているのは、その濫用や政治目的による利用に対してである。Report of the Secretary-General on the scope and application of the principle of universal jurisdiction, U.N. Doc. A/65/181 (29 July 2010), para.9.
[29]　辰井, 2003, p.26.

めに、自ら捜査や逮捕を行うことができない。そこで、被疑者の身柄の確保や証拠の収集を行うにあたっては、所在地国から、犯罪人引渡しや司法共助などの司法協力に対する同意を得ておかねばならない。さらにこのような国家間協力には主権平等に基づく相互性の要請が働くため、実際に協力が得られるのは、原則として協力を要請された側の法制度が許容する範囲においてである[30]。いわば、他国の意向を二重に尊重しなければならないのである。

　この点で、とりわけ、犯罪人引渡し制度のもとで適用される双方可罰性は、管轄権行使にとって大きな制約となりうる。すなわち、域外行為が問題となる場合の犯罪人引渡しにおいては、請求国、被請求国の双方において引渡に係る行為が犯罪とされていることに加えて、さらに国外犯として可罰的であることが求められる（日米犯罪人引渡条約6条など）。別言すれば、関係国双方において、被侵害利益が保護されるべき法益であるということ、および領域国以外の国家による処罰が必要であることについて認識が一致していることが求められるのである。

　なお、欧州逮捕令状の制度においては、テロや組織犯罪など国際的な取締りを必要とする罪、および殺人などの一定の重罪に係る締約国間での被疑者の引渡し（surrender）については、双罰性を適用しないこととしているが[31]、こうした取組みはいまだ地域的なものにとどまっている。

(2)　管轄権の諸原則や条約の位置づけ　　以上のように、具体的事案において訴追や裁判を実効的に行うためには、ある罪について、各国が共通の域外適用基準を採用している必要がある。したがって保護主義や受動的属人主義などの管轄権の諸原則は、それ自体は国内法上の基準に過ぎないとしても、諸国家によって広く採用されることで、国家間協力の基盤となる。だとすれば、法適用範囲の拡大にあたって、立法者は、こうした実効性の確保の観点から諸国家の立法状況を把握しておく必要があるといえよう。

　また、国際的な犯罪取締りに関する条約は、取締りの必要性について諸国で認識が一致している行為に関して、その実効性を制度的に担保しようとするも

---

(30)　Cryer et al. 2014, p92.
(31)　EU Council Framework Decision on the European Arrest Warrant and the Surrender Procedures between Member States (2002), Art.2(2).

のと評価することができる。典型例である航空機不法奪取防止条約においては、まず、取締りの対象となる犯罪の構成要件を条約が自ら示し、締約国に対して当該行為の犯罪化を義務づける（同条約1条）。さらに条約は、締約国に対して、犯罪行為と何らかの関連を有する場合に備えて裁判権の設定を義務づける（同4条1項）とともに、被疑者（公定訳では容疑者）が領域内に所在し、かつ管轄権リンクを持つ他の締約国にその者を引渡さない場合に備えて、裁判権を設定することを義務づけている（同4条2項）。これにより各締約国において条約犯罪の処罰が可能になると同時に、国家間協力の前提である刑事実体法（犯罪化・裁判権の設定）の相互性が確保されることになる[32]。

そのうえで、条約は、具体的な事案において被疑者が領域内で発見された国家に対し、引き渡さない場合に、訴追のために自国の権限のある当局に事件を付託する義務を課しており（同7条。いわゆる「引渡しか訴追か（aut dedere aut judicare）」原則）、これによって被疑者がどこに逃亡しても最終的に刑罰権が発動されることになるのである[33]。

2 法適用対象たる個人との関係における制約

(1) 法の予見可能性　域外行為に対する法適用においては、さらに、被疑者の個人法益を考慮することが必要となる場面がある。伝統的には管轄権に関する制約はもっぱら国家間の関係において論じられてきたが、国家間の協力が進み、他国の権利が制約とならない場面が増加するのに伴って、こうした被疑者の個人法益の考慮が重要性を増す可能性がある。

ここで、法適用に対する制約という観点から問題となりうるのは、法の予見可能性に関わるものである。国外犯の事案においては、被疑者は管轄権行使国の法秩序に直接に服しているわけではないから、一般に、法に関する予見可能性を期待することができない。これは、禁止される行為を予め明確に示しておくことで個人の行動の自由を保証するという自由主義の要請にかかわるものであり、従来は憲法上の罪刑法定主義や適正手続の問題として把握されてきたが、国際人権法の発展に伴い人権条約上の問題としても扱われるようになっている

---

(32) Boister 2012, p.14.
(33) 山本 1991, p.168.

（自由権規約15条、欧州人権条約7条）。また、恣意的な逮捕や抑留の禁止との関連で、どの国の管轄権に服することになるかという手続に関する予見可能性も問題となりうる（自由権規約9条1項、欧州人権条約5条1項）。海上での執行管轄権行使に関する特殊な事案であるが、欧州人権裁判所のMedvedyev事件においては、フランス海軍の軍艦が、麻薬を輸送していたカンボジア船籍の貨物船Winner号をカンボジア政府の同意を得て公海上で拿捕し、同船上に乗組員らを拘束してフランス本土に引致したことが問題とされた。裁判所は、カンボジアのアドホックな同意は乗組員らにフランスによる介入を予見させるに足るものではないとして、フランスの措置の欧州人権条約5条1項の違反を認定している[34]。

(2) **法の適用条件への反映**　このような法の予見可能性に関する考慮は、法の適用条件に反映されることで、管轄権行使に対する一定の制約となっている。各国の刑事法制度の違いを反映してその態様は様々であるが、以下のような対処が見られる。

一方で、被疑者が原則として領域国の法に服することを前提に、領域国の法判断を法適用条件に反映させるという対処がある。これは、領域国の代理としての処罰を擬制することで、法廷地に対する予見可能性の問題を回避し、同時に法の内容についての予見可能性を充足しようとするものと評価しえよう。例えば、受動的属人主義のケースでは、刑法の適用を犯罪行為地における犯罪の成否に係らしめるという双方可罰主義[35]を採用することや（ドイツ刑法7条1項）、領域国の刑罰と自国の刑罰とを比較してより軽い方を適用することを条件とするものがある（オーストリア刑法65条2項）。

これとの関連で、日本の刑法3条の2の起草過程において、双方可罰性や軽い方の刑罰法規を適用する案が採用されなかったことが注目される。立法趣旨説明においては、同条は適用範囲を生命・身体に重大な侵害をもたらす罪に限っており（フランス刑事訴訟法113条の7も同様）、これらの犯罪は他国において

---

(34) Medvedyev and others v. France, Application no.3394/03, Judgment of 29 March 2010 (Grand Chamber), para.100.

(35) なお、これは法の適用にあたっての双方可罰性であり、前述の犯罪人引渡において求められる双方可罰性とは区別されるものである。

も一般的に犯罪とされていると考えられることから、あえて双方可罰の要件を設ける必要はないとされている[36]。軽い方の刑罰法規の適用に関しては、犯罪地国の法定刑一般を裁判における量刑判断に反映する必要はないとしつつ、犯罪地国の法定刑が行為者の規範意識に影響を与えたような特別な事情がある場合には、それを情状として考慮する可能性が示唆されている[37]。日本のような対応をとる場合には、裁判所の判断が重要になってくるであろう。

　他方で、領域外で行われた行為が管轄権行使国の秩序を侵害することを「意図」したものであることを法適用の条件とするという対応がある。これによって被疑者は法廷地の秩序に服することを合理的に予見した上で侵害行為を行っているとみなされることになり、法廷地および法の内容に対する予見可能性が充足されることになる。たとえば、米国においては、域外行為に対する連邦刑法の適用が憲法上の適正手続に合致するための要件として、被告人と国家との十分な連関（nexus）が必要とされ、被告人が米国領域内での侵害結果の発生を意図している場合にこのような連関が認められるとする判例の蓄積がある[38]。

おわりに

　域外行為に対する管轄権行使をめぐっては、長きにわたって議論が積み重ねられてきた一方で、その評価枠組みについてはいまだに共通了解があるとはいえない。その背景には、管轄権行使に関して国際法が果たしうる役割を所与のものとする学説の立場が、管轄権行使が現実に服している制約を正確にとらえきれていないことがあるように思われる。重要なのは、規律管轄権に対する国際法の規制が未成熟であることを踏まえたうえで、他国の領域主権や被疑者個人の権利が、どのように管轄権行使に作用しうるのかを整理することであろう。

---

(36)　『第156回国会参議院法務委員会議録21号』（2003年7月10日），p.3.
(37)　『第156回国会衆議院法務委員会議録12号』（2003年5月13日），p.3.
(38)　United States v. Peterson, 812 F.2d 486, 493 (9th Cir. 1987); United States v. Davis, 905 F.2d 245, 248-249 (9th Cir. 1990). もっとも、海賊のように普遍的な非難の対象である行為や、犯罪取締条約の対象犯罪については、このような連関は不要であるとされる。United States v. Lei Shi, 525 F.3d 709, 723 (9th Cir. 2008).

そうすることで、理論と実務の双方の観点から適切な管轄権行使のあり方を模索することができると考える。

　日本では、刑法典の規定の改正（4条の2や3条の2）、および海賊対処法などの特別法の制定を通じて、刑法の適用範囲を拡大してきた。既に海賊対処法を適用した裁判も行われて、拿捕国以外の国による刑事裁判権行使の国連海洋法条約105条との適合性が検討に付されている（グアナバラ号事件）[39]。海賊に関しては、このような国家間での権限配分の問題に加え、拘束した海賊を自国に引致する場合の刑事手続上の時間的制限といった、被疑者個人の権利に関する問題も想定されうるため[40]、今後は、さらなる実行の蓄積を通じた基準の明確化が期待されよう。

---

(39)　グアナバラ号事件については、巻末の資料②を参照。国家間での権限配分に関する理論的考察については、森田 2013, p.100.

(40)　西村 2010, pp.79-80.

主要参考文献

小寺彰, 1998,「国家管轄権の域外適用の概念分類」村瀬信也・奥脇直也編集代表『国家管轄権』（勁草書房）, pp. 343-367.
小寺彰, 2004,『パラダイム国際法』（有斐閣）.
小松一郎, 2018,『実践国際法 第2版』（信山社）.
竹内真理, 2011,「域外行為に対する刑事管轄権行使の国際法上の位置づけ——重大な人権侵害に関する分野の普遍的管轄権行使を中心に」『国際法外交雑誌』第110巻2号, pp.50-77.
辰井聡子, 2003,「国民保護のための国外犯処罰について」『法学教室』第278, pp.24-31.
西村弓, 2010,「『海賊』行為に対する管轄権行使」『海洋権益の確保に係る国際紛争事例研究（第2号）』（海上保安協会）, pp.70-84.
堀内捷三, 1999,「国際協調主義と刑法の適用」『研修』第614号, pp. 3-12.
森田章夫, 2013「国際法上の海賊に対する国家管轄権の拡張」『法学志林』第110巻4号, pp.105-135.
山本草二, 1991,『国際刑事法』（三省堂）.
Akehurst, Michael, 1972-73, "Jurisdiction in International Law", *British Yearbook of International Law*, Vol.46, pp. 145-217.
Bowett, D.W., 1982, "Jurisdiction: Changing Patterns of Authority over Activities and Resources", *British Yearbook of International Law*, Vol.53, pp. 1-26.
Boister, Neil, 2012, *An Introduction to Transnational Criminal Law*, Oxford University Press.
Cassese, Antonio, et al., 2013, *Cassese's International Criminal Law*, revised 3rd ed., Oxford University Press.
Crawford, James, 2012, *Brownlie's Principles of Public International Law*, 8th ed., Oxford University Press.
Cryer, Robert et al., 2014, *An Introduction to International Criminal Law and Procedure*, 3rd ed., Cambridge University Press.
Gerber, David-J., 1984-1985, "Beyond Balancing: International Law Restraints on the Reach of Nationals Laws, Yale Journal of International Law, Vol.10, pp.185-221.
Staker, Christopher, 2014, "Jurisdiction", in Malcolm D. Evans (ed.), *International Law*, 4th ed., Oxford University Press, pp. 309-335.
Mann, F.A., 1964, "The Doctrine of Jurisdiction in International Law", *Recueil des Cours*, 1964-I, tome 111, pp. 1-162.
Mullan, Gráinne, 1997, "The Concept of Double Criminality in the Context of Extraterritorial Crimes", Criminal Law Forum [1997], pp.17-29.
Ryngaert, Cedric, 2015, *Jurisdiction in International Law*, 2nd ed., Oxford University Press.
Simma, Bruno and Müller, Andreas Th., 2012, "Exercise and Limits of Jurisdiction", in James Crawford and Martti Koskenniemi (eds.), *The Cambridge Companion to International Law*, Cambridge University Press, pp. 134-157.

第6章　海賊行為に対する普遍的管轄権の行使

―― 学説の状況

玉田　大

はじめに

　普遍的管轄権の根拠は、対象犯罪が「人道、良俗、保健衛生、情報・財貨の流通、または海上通商など、国際社会の諸国に共通する法益を害する犯罪」であることに求められてきた[1]。具体的な対象犯罪としては、伝統的に海賊行為 (piracy) が代表的であり[2]（海賊型普遍的管轄権）、重大な国際犯罪がこれに加えられてきた（人道型普遍的管轄権）。この2つの類型に関しては、次の問題が生じる。第1に、海賊行為と個人の重大な国際犯罪の間に共通性があるのか否か。第2に、海賊に対する普遍的管轄権行使が認められる根拠は何だったのか（とりわけ、「人類共通の敵」という考え方が妥当か否か）。

　近年、こうした問題に取り組みつつ、普遍的管轄権の根拠を再考しようとする見解が国内外で見られる。とくに注目されるのが、コントロヴィッチ (Kontorovich) を中心とする新たな普遍的管轄権論である。その主張を要約すれば次のようになる。①人道型普遍的管轄権は、海賊型普遍的管轄権を「類推」したものであり（海賊類推 piracy analogy）、犯罪の性質の点で両者の間に共通性はない。②そもそも海賊に対する普遍的管轄権行使が認められてきたのは、海賊犯罪の性質（凶悪性や重大性）に起因するものではなく、他の理由からである。このように、普遍的管轄権の根拠は根本的に問い直されつつある。

---

(1)　山本 1991, p.163.
(2)　Kontorovich 2004a, p.184.

そこで、本章では次の問題を検討する。第1に、普遍的管轄権の概念と行使形態を類型化したうえで、海賊型普遍的管轄権（権能型普遍的管轄権）と人道型普遍的管轄権（義務型普遍的管轄権）の関係を明らかにする（**第1節**）。第2に、従来の通説を検討し、海賊に普遍的管轄権が認められてきた根拠のを整理する（**第2節**）。第3に、新しい普遍的管轄権論妥当性を検討する（**第3節**）。

第1節　普遍的管轄権の類型

普遍的管轄権の概念は多義的であり、条約や国際慣習法上で広く認められた定義が存在しない。また、国家実行上も普遍的管轄権概念は多義的に用いられている（各国国内法でも多様な定義が用いられている）[3]。そこでまず、普遍的管轄権の分類を行っておこう。

1　権能型普遍的管轄権

普遍的管轄権は、権能（権利）と義務の双方の意味を含む。一般に国家管轄権（jurisdiction）は権限（power）と解されており、この意味で普遍的管轄権も国家の権利と解される[4]。この場合の普遍的管轄権は「権能型」普遍的管轄権であり（以下、権能型）[5]、その典型例が海賊行為に対する管轄権行使である（処罰の権利[6]）。国連海洋法条約105条は、「いずれの国も……逮捕し又は財産を押収することが・で・き・る（may）」と規定している。すなわち、海賊に対する国家管轄権は「行使してもよいし、行使しなくてもよい。一部分だけ行使してもよい。どこまで行使するかは、その国の国内法によるのであって、国際法が決定するわけではない[7]」。

権能型については、以下の点に留意する必要がある。第1に、海賊行為に関する「抑止協力義務」が存在する。国連海洋法条約100条は、「最大限に可能な範囲で……海賊行為の抑止に協力する」と規定し、緩やかな形で抑止協力義

---

(3)　Opinion dissidente de Mme Van den Wyngaert, *C.I.J. Recueil 2002*, para.44. 海賊対処法2条参照。
(4)　B. Stern 1999, p.737.
(5)　B. Stern 1999, p.738.
(6)　太寿堂 1980, p.69.
(7)　村上 2001, p.140.

務を定める。ただし、この義務は（テロ関連の国際犯罪条約とは異なり）条約当事国に具体的な訴追義務を課していない[8]。第2に、権能型普遍的管轄権を行使しうる船舶は公船に限定される（国連海洋法条約107条参照）。第3に、国家が海賊型（執行管轄権）を行使するには国内法上の根拠を要する。たとえば、日本の刑法4条の2は、刑法を「日本国外において、第2編の罪であって条約により日本国外において犯したときであっても罰すべきものとされているものを犯したすべての者に適用する」と定めるが、これは条約上で訴追「義務」が課されている場合を想定した規定であり、訴追「権限」が認められている海賊の場合には適用されない[9]。

2 義務型普遍的管轄権

普遍的管轄権は、管轄権を行使できる場合だけでなく、管轄権行使が義務づけられる場合も含む[10]（以下、義務型）。この管轄権は2つに分類される。第1に、間接的義務的普遍的管轄権であり、「引渡しか訴追か」（*aut dedere aut judicare*）の選択的義務がこれに該当する。たとえば、「航空機の不法な奪取の防止に関する条約」（1970年）4条2項では、「犯罪行為の容疑者が領域内に所在する締約国は……容疑者を引き渡さない場合に当該犯罪行為につき自国の裁判権を設定するため、必要な措置をとる」と規定する。第2に、直接的義務的普遍的管轄権であり、直接的に普遍的管轄権を設定・行使する義務が課される[11]。例えば、1949年のジュネーヴ第1条約49条では、「各締約国は重大な違反行為を行った疑いのある者を……自国の裁判所において公訴しなければならない」と規定する。義務型に関しては、以下の点に留意する必要がある。

第1に、海賊型（権能型）が国際慣習法上で確立しているのに対して、義務型はその多くが多数国間条約を根拠としているため、国際慣習法上の地位については議論がある。バウエット（Bowett）のように、海賊以外の国際犯罪類型に関する普遍的管轄権を否定する見解もあるが[12]、戦争犯罪や人道に対する罪、

---

(8) 西村 2009, p.6.
(9) 西村 2009, p.12.
(10) 古谷 1988, p.87-90.
(11) B. Stern 1999, p.738.
(12) D. W. Bowett 1983, p.12.

ジェノサイド罪に対する普遍的管轄権を認める見解もある[13]。第2に、義務型の根拠は以下のように説明される。すなわち、ジェノサイド罪や人道に対する罪は、「国際社会そのものの法益」すなわち「すべての国家が共有する単一の利益」を侵害する犯罪であるため、普遍的管轄権の対象犯罪とみなされる[14]。ここで侵害されているのは、国際社会の共通利益（共通価値）[15]や「国際公序」である[16]。国際社会には単一的な法執行システムが欠如しているため、共通利益が侵害された場合には、個別国家による法実現（＝普遍的管轄権行使）が求められることになる。実際に、人道型普遍的管轄権が行使された事例では、何らかの形で国際社会全体の利益の保護を代表的に行ったという認識が示されている。例えば、アイヒマン事件においてイスラエル最高裁は、「国際法の擁護者（guardian）およびその執行官たる資格において」裁判を行ったと述べている[17]。このように、普遍的管轄権は国際法実施の分権的性質を前提としつつ、集権的・統一的法実現手段（国際刑事裁判所など）が完備するまでの間の代替的機能を果たしている。第3に、他方で、犯罪の性質は普遍的管轄権の根拠と直接的な関連性を有するわけではない[18]。例えば、ジェノサイド条約は、ジェノサイド罪を「国際法上の犯罪」としつつも（第1条）、普遍的管轄権を設定していない。普遍的管轄権の行使は国家主権との抵触を理由に回避されたため、管轄権行使の形態は属地主義と国際刑事裁判管轄に限定されている（6条）[19]。

3 海賊類推

権能型（普遍的管轄権）と義務型（普遍的管轄権）の関係について、旧説は次のように説明している。第1に、権能型は補充的な適用を認められるに過ぎない。これは、犯人または犯行と最も緊密な関係をもつ他国に対する犯罪人の引渡しや、これらの国で行われる訴追・処罰に代わるものとして適用されるためである。第2に、義務型の場合は、犯人の所在地または犯罪地のいかんに関わ

---

(13) C. C. Joyner 1996, p.166.
(14) B. Stern 1997, p.281.
(15) B. Stern 1997, p.735.
(16) J. B. Labrin et H-D. Bosly 1999, pp.293-295.
(17) Attorney General of Israel v. Eichmann (Isr. Sup. Ct. 1962), *I.L.R.* vol. 36, p.299
(18) 古谷 1989, p.85-89.
(19) 稲角 2000, p.105.

らず、確実に処罰するという目的を有する。また、引渡しを行わない場合には、当該外国人の国外犯を必ず自国で訴追・処罰の手続に付す義務を負う（引渡か訴追の義務）。これは、伝統的な普遍主義と代理処罰主義が結合して、裁判権の設定を新たに義務づけたものと解される。その結果、犯人の身柄を確保している国は、他の関係諸国に事実上優位する第1次の刑事管轄を適用しうるため、その限りで普遍主義につきまとった補充的な性格が克服される[20]。このように、権能型から義務型への変遷は、普遍的管轄権の補充性からその克服への過程として捉えられる。

　さて、以上の説明は普遍的管轄権の変遷を説明するものであるが、2つの類型の内在的な関係は明らかではない。この点について、コントロヴィッチは「海賊類推」という概念を提唱している。すなわち、数百年にわたって国際法上の普遍的管轄権は海賊についてのみ認められてきたが、20世紀後半以降、重大で広範な人権侵害に結びついた国際犯罪概念が登場するに及び、「新たな普遍的管轄権」（new universal jurisdiction）が考案された。これを基礎づけるために、海賊型普遍的管轄権が先例・正当化根拠として、あるいはインスピレーションとして用いられたというのである[21]。

　海賊類推に依拠した典型的な学説として、飯田忠雄は次のように述べている。「海賊行為は世界法に違反する反人道的行為であり、人類全体の敵といわれるが、戦争犯罪もまた、これと同様の性質をもつものであり、この両者の行為は、これを鎮圧するために国際協力が要請され、行為の指導者、実行行為者である個人の責任が追求されるものである。そしてまた、戦争犯罪と国家による国際法違反の反人道的行為とは、一方が戦争に関連することを別にすれば、全く両者は同一の本質を有するものである[22]」（傍点は筆者）。なお、海賊と反人道的行為の相違に関しては、前者が、私人による「海上における船舶または航空機に対する攻撃」であるのに対し、後者は、国家が行う「更に広い範囲の行為」として区別されている[23]。

---

(20)　山本 1991, p.168-169.
(21)　Kontorovich 2004a, pp.184-185.
(22)　飯田 1967, p.369.
(23)　飯田 1976, p.369.

海賊類推は以下の実行にも見られる。①第2次世界大戦後の戦犯裁判（ナチス裁判）、②アイヒマン事件（イスラエル）、③フィラルティガ事件（米国）である[24]。米国の実行を分析したサミュエル（Samuels）によれば、ボルコス（Bolchos）事件（1795年）とフィラルティガ（Filartiga）事件（1980年）を通じて、米国の裁判所が海賊類推を採用したという[25]。実際に、フィラルティガ事件では、海賊と同様に拷問行為が「人類共通の敵」とみなされ、この点が普遍的管轄権の根拠と解されている。このように、海賊類推は、海賊行為と重大な人権侵害行為（国際犯罪）との間に性質上の共通点を見出すものである。

ただし、海賊類推説の主眼は、類推を容認するのではなく、むしろ安易な類推を批判する点にある。そこで次に、権能型と義務型の関係に関する旧説を見た上で（第2節）、新説による批判点を検討しよう（第3節）。

第2節　普遍的管轄権の根拠——旧説

海賊型の根拠については、ロチュース号事件（PCIJ判決1927年）におけるムーア判事の反対意見が有名である。同意見によれば、「海賊活動の場所は公海であり、いずれの国もこれを取り締まる権利も義務も有さないことから、海賊は自らが掲げる国旗の保護を否定される。また、海賊は法外者（outlaw）として、すなわちいずれの国も全体の利益のためにこれを拿捕および処罰しうる人類共通の敵（the enemy of all mankind – *hostis humani generis*）として扱われる[26]」。このように、海賊型の根拠は、①犯罪の性質（「人類共通の敵」）と②行為発生場所（公海上）に見出される[27]。

1　犯罪性質論

旧説によれば、海賊行為は諸国の船舶と国民に対する残虐な暴力行為および略奪行為であり、海上通商秩序を破壊することから「人類全体の敵」とみなされ[28]、それゆえ、すべての国家が処罰しうるという。たとえば、普遍的管

---

(24) Kontorovich 2004a, pp.194-203.
(25) Joel H. Samuels 2010, pp.1250-1251.
(26) Dissenting Opinion of Judge Moore, *P.C.I.J. Series A*, No.10, p.70.
(27) 山本1991, p.164. 学説を整理・分類したものとして、安藤2010, p.47-55参照。

轄権の研究者グループが発表したプリンストン原則は、海賊型の根拠を犯罪の重大性に基礎づけている。同原則によれば、「普遍的管轄権とは犯罪の性質（the nature of the crime）にのみ依拠した刑事管轄権であ［り］」、「普遍的管轄権は……国際法上の重大犯罪（serious crimes）を犯したことを理由として起訴された人物を訴追するために行使されうる」という[29]。加えて、「国際法上の重大犯罪」には、海賊行為、奴隷取引、戦争犯罪等が含まれるという。このように、同原則によれば、海賊は犯罪の性質において「重大犯罪」であることから普遍的管轄権が認められる。加えて、海賊行為の特徴はその無差別性（諸国の共通利益に対する無差別な攻撃）に見出される[30]。たとえば、西村弓は次のように指摘する。「あらゆる国に海賊の逮捕・訴追権限が認められる背景としては、無差別な攻撃によって『海上交通の一般的安全』を害する『人類共通の敵』である海賊については、ある時点でその攻撃対象とされている船舶が他国のものであったとしても、その事態を放置すれば別の機会には自国船舶が攻撃対象とされる可能性は否定されず、あらゆる国家がその鎮圧と処罰に利害関係を有する[31]」。

以上のように、海賊行為は無差別攻撃によって公海の自由航行という万国共通の法益・秩序を害する犯罪であり、諸国家がその鎮圧に対して共通の利益を有する。それゆえ、諸国が管轄権を行使しうる、と解されてきた。

2　犯罪行為地論

海賊型の根拠として、犯罪行為地の特殊性が用いられる。第1に、海賊行為は、特定の国家の管轄権下で生じるものではなく、いずれの国の管轄権下にもない公海上で発生する。そのため、海賊行為を取り締まるためには、あらゆる国に管轄権行使を許容する必要がある。第2に、海賊行為によって行為者（海賊）は所属国の国籍を喪失する（国籍喪失説）[32]。海賊行為によって国籍を失う

---

(28)　山本 1991, p.164.
(29)　The Princeton Principles on Universal Jurisdiction, 2001, http://lapa.princeton.edu/hosteddocs/unive_jur.pdf(last visited 13 March 2016) .
(30)　山本 1991, p.248; 村上 2001, p.136.
(31)　西村 2009, p.13.
(32)　ハーバード草案第5条とそのコメンタリーを参照。A.J.I.L., Supplement, vol.26, 1932, pp.825-832.

ため、国家が国籍リンクに依拠した管轄権（属地主義、属人主義）を行使しえなくなる。この2点が海賊型の根拠とみなされてきた。

第3節　普遍的管轄権の根拠——新説

1　犯罪性質論

　旧説では、海賊行為は「人類共通の敵」であり、その重大性・凶悪性が普遍的管轄権の根拠であると解されていた。他方、新説によれば、海賊行為は海上強盗（robbery at sea）に過ぎない[33]と解される。すなわち、海賊行為自体は通常の国内刑法上の犯罪行為であり、普遍的管轄権を基礎づけるような特殊な凶悪性を有さないという。新説は次の点を根拠としている。

　第1に、実体的に海賊行為は「私掠行為」（privateering）と同一である。私掠船は、特定の国家から他国商船の拿捕免許状（letter of maruqe）を付与されたものであるが、1700年以前には海賊行為と私掠行為は同一であった[34]。両者の違いは、海賊行為が私人による犯罪行為であるのに対して、私掠船は特定の主権者から免許状を得た公的行為であった点にある。私掠船の具体的な行為は、公海上における強盗・掠奪であり、かりに私掠船が拿捕免許状を有さない場合には完全に海賊と同一となる[35]。

　第2に、旧説では、海賊は海上通商を阻害し、諸国家に多大な損害を与えることから、犯罪効果の点で重大性を有すると考えられてきた。他方、新説は、海上通商の全体額から見た場合、海賊被害額はごく僅かであると主張する。海賊被害の正確な統計資料はないが、世界全体（1995年）での損失予想額は約6200万ドルであり、海上通商総額（約2兆ドル）の0.003%に過ぎない[36]。したがって、海賊行為が世界の海上通商と航行に多大な損失を与えるという説は根拠に乏しいという。

---

(33) Kontorovich 2004a, p.191 ; Joshua Michael Goodwin 2006, p.996 ; Yana Shy Kraytman 2005, p.103.
(34) Goodwin 2006, p.981.
(35) Kontorovich 2004a, p.214.
(36) Goodwin 2006, pp.983-984.

第3に、旧説では、海賊はローマ時代から「人類全体の敵」と称され、特殊な性質を有すると解されてきた。他方、新説によれば、「人類全体の敵」という概念は、海賊行為の法的要件や根拠、法的効果に関連するものではないという[37]。この「人類全体の敵」という概念の誤用について、飯田忠雄は次のように説明する。すなわち、海賊行為は「犯罪として取り扱われる［海賊行為］」と「戦争における掠奪戦術の実施手段として用いられた海賊行為」に分類され[38]、前者は、治安警察と刑罰権管理の対象であるが、後者は戦争手段である。したがって、本来、後者（戦争の相手）だけが「敵」とみなされる。他方で、海賊が人類全体の「敵」とされる理由は、海賊が戦争行為であるにもかかわらず、攻撃前に宣言（宣戦）を行わないからである[39]。すなわち、海賊は宣戦なしに戦闘行為に入るため、常に周辺の勢力と戦争状態にあり（戦争常態 permanent state of war）、それゆえ「人類全体の敵」とみなされた[40]。したがって、ローマ時代より後に「人類共通の敵」という呼称を用いるのは正確ではなく、この用語は単に修辞的な比喩表現として用いられており[41]、法的な意味で用いられてはいないという。

　以上のように、犯罪の性質という点から見た場合、海賊行為は特殊性を有しておらず、普通犯罪と解される。歴史的に、海賊は戦争行為や国家権力との関連性で捉えられていたが、現代国際法においては、海賊行為の実体は通常の刑事犯と同一であり、他の犯罪と区別されない（普通犯罪化）。(a)海賊行為は海上武装強盗と実質的に同一であり、両者の区別は犯罪発生地の相違に止まる。(b)海賊行為は私掠行為と同一の行為であり、両者の区別は私的目的か公的目的かの相違による（目的要件論）。(c)海賊行為は海上不法行為（海上テロ行為）と実質的に同一であり、両者の区別は同一船舶内の犯罪か否かの相違に過ぎない（二船要件論）。これらの犯罪は、要件具備に応じて法的に異なる規制に服するが、実体的には海賊と同一であり、犯罪の重大性および凶悪性を根拠とした

---

　(37)　Kraytman 2005, pp.98-99.
　(38)　飯田 1967, p.37.
　(39)　Goodwin, 2006, pp.993-994.
　(40)　Goodwin, 2006, pp.978-979.
　(41)　飯田 1967, p.157.；Kontorovich 2004a, p.233；Goodwin 2006, p.994.

区別はできない。

　こうして、海賊行為は普通犯罪と同一視されることになるが、こうした捉え方は海賊概念の縮小化の過程で生まれたと解される。すなわち、現代国際法上の海賊概念は、厳格な要件設定（私的目的要件、私人行為要件、二船要件、行為地要件）によって「縮小」されており[42]、この縮小過程を決定づけたのが公海条約と国連海洋法条約による「海賊」の限定的定義である。この海賊概念の「縮小化」に関して考慮すべきは、海賊型の行使が公海上の旗国主義の例外を構成する点である。すなわち、公海では旗国が自国船舶に対して国内法に基づく管轄権を行使することが認められる（旗国主義）[43]。そのため、旗国以外の国に管轄権行使を認める普遍的管轄権（海賊型）は、旗国主義の例外にほかならない[44]。「例外は厳格に特定して国際紛争要因を可及的に塞いでおく必要がある[45]」ため、海賊に対する普遍的管轄権の行使は厳格に定められることになった。換言すれば、公海上の海上犯罪の取り締まりが旗国主義の例外として確立する過程において、海賊に対する管轄権行使は徐々に制限されていったと解される。この点で、たとえば二船要件は海賊型の例外的な性質から説明することができる。同一船舶内の犯罪行為であれば、旗国主義の原則に則り、旗国の権限と責任によって処理されるべきだからである[46]。

2　犯罪行為地論

　新説は、海賊の犯罪行為地（＝公海）についても新しい見解を提示している。旧説によれば、公海上では海賊の取締権限を行使しうる国が特定されないため、あらゆる国に管轄権行使を認めざるをえなかったと解される。これに対して、新説は、公海上での国家による管轄権行使に対して（他国からの）異議がなかった点を重視する。すなわち、海賊の本国（国籍国）は、海賊に対して管轄権を主張する利益を有さないため、他国による刑事管轄権の行使に対して抗議を

- [42] Milena Sterio 2010, p.386；村上 2001, p.146.
- [43] 国連海洋法条約94条1項および2項参照。
- [44] 国連海洋法条約110条1項は、臨検を原則禁止とし、その例外として、「外国船舶が海賊行為を行っていること」を「疑うに足りる十分な根拠が」ある場合にのみ臨検が正当であるとして、旗国以外の国による臨検を許容している。
- [45] 奥脇 2009, p.22,
- [46] 杉原 1991, p.198.

行わない⁽⁴⁷⁾。そのため、特定国が海賊に対して管轄権を行使したとしても、海賊の本国との間の紛争（管轄権競合に起因する紛争）は生じない⁽⁴⁸⁾。このように、海賊型の根拠は、消極的な管轄権容認と捉えられている。この点で、奥脇直也は次のように述べている。「海賊についての普遍主義は、近代国際法の消極性という原理（すなわち国際紛争の発生を回避できる限りで国家の権力行使を認めるという秩序維持の戦略）に合致するがゆえに今日なお維持されているとも言える。……海賊がいずれの国家の規制にも服さない『海の無法者』(outlaw) であり、それゆえいずれの国もこれを保護する利益をもたないから、公海上で海賊に遭遇したいずれの国の艦船がこれに介入して実力で制圧しても、そのことから・国・家・間・で・紛・争・が・生・じ・な・い。海賊が人類共通の敵だから普遍主義を認めるというよりは、普遍主義を認めても紛争が発生しないから海賊であるとも言える⁽⁴⁹⁾」（傍点は筆者）。

以上のように、任意の国の管轄権を認めても、国際紛争が生じず、諸国家が自由に（他国からの異議なしに）管轄権を行使することが「できる」状態にあったことが、普遍的管轄権の根拠と解されている。

こうした新説の説明は、権能型が管轄権行使の「義務」ではなく「権利」として構成されている点と整合的である⁽⁵⁰⁾。さらに、海上武装強盗に関しては、領水内で発生するため、沿岸国のみが執行管轄権を持つ、という点で海賊（公海上で発生）とは区別されることになる⁽⁵¹⁾。

3　新しい判断要素

以上のように、新説は旧説の根拠（犯罪性質論と犯罪行為地論）を否定的に捉えた上で（ネガティブ・アプローチ）、さらに海賊型の新しい根拠を提示しようとしている（ポジティブ・アプローチ）⁽⁵²⁾。新説は、海賊型の根拠として海賊行為の6つの特性に注目している。

①私的行為：海賊は私的行為である。海賊が公的行為であれば、普遍的管轄

---

(47)　Eugene Kontorovich 2010, p.252 ; Kenneth C. Randall 1988, p.793.
(48)　最上敏樹は管轄権の「空白空間」と表現している。最上 2009, p15.
(49)　奥脇 2009, p.22.
(50)　西村 2009, p.16.
(51)　西村 2009, p.13-14.
(52)　Kontrovich 2004b, p.14.

権の行使は他国の公人に対する管轄権行使となるため許容されない（あるいは行使されにくい）。海賊が私人であることは、私掠船の場合と異なり、当該私人が母国の利益に反する行為を行う場合があり、さらに、自国からの保護を意図的に放棄していることを意味する[53]。②犯罪行為地：海賊は公海で発生するが、これは犯罪行為に対していかなる国の管轄権も及んでいないことを意味するものではない。海賊は公海で発生するものであるが、実際の犯罪行為は船上（すなわち特定の国の旗国管轄権が及ぶ空間）で発生する。同時に、海賊行為の被害者も特定国の人的管轄権下にある。したがって、かりに普遍的管轄権が存在していなかったとしても、海賊に対する管轄権行使は伝統的な属地管轄権と属人管轄権によって説明可能である[54]。むしろ、公海での発生という海賊の性質は、逃亡の容易性、拿捕の困難性をもたらすため、実際上の執行の困難性を意味する。③影響：海賊は海上通商と航行を阻害するため、特定の国ではなく諸国の利益を阻害する。ただし、一般的に抽象的な形で諸国の利益を損なうとはいえ、国家は他国の利益を損なう海賊犯罪に対して、コストの高い執行措置や処罰措置をとることはない。④犯罪性：海賊が普遍的に処罰されうるのは、海賊犯罪が凶悪であるからではなく、すべての国において不法行為または犯罪として認められているからである。⑤同一刑罰：すべての国が海賊犯罪に対して同一の刑罰を定めている。二重処罰の禁止が機能するため、ある国が海賊処罰における管轄権を行使した場合、他国は管轄権を行使しえない。⑥制限性：海賊は制限的に定義づけられており、この点に広く諸国の同意がある。したがって、海賊に対する1国の普遍的管轄権行使に対して、他国が異議をとなえることがない。

　以上のように、新説のポジティブ・アプローチは、海賊の多様な性質（および要件）を個別に検討しつつ、海賊概念そのものを再構成する試みである。とりわけ、「人類共通の敵」という抽象的概念を普遍的管轄権の根拠としていた旧説と比較した場合、海賊行為に関する考慮要素を個別具体的に検討しており、高く評価できる。ただし、このアプローチは、海賊行為の諸要素や諸側面を網

---

(53) Kontrovich 2004b, p.14.
(54) Kontrovich 2004b, p.19.

普遍的管轄権の類型

		海賊型		人道型
犯罪行為		海賊の構成要件に関しては国連海洋法条約101条で規定（慣習法の法典化）		重大で大規模な人権侵害、拷問、国際テロ行為、ジェノサイド、国際人道法違反
管轄権行使形態		権能型 ①執行・司法管轄権行使を行使できる （国連海洋法条約105条） ②海賊行為の抑止に協力する義務あり （海洋法条約100条）		義務型 ①間接型：「引渡か訴追の義務」 ②直接型：処罰義務 （ジュネーヴ第1条約49条）
管轄権行使根拠		旧説	新説	
	犯罪性質	通商・航行の安全と海上通商秩序を破壊する「人類共通の敵」	海賊は私的な強盗行為（≒私掠行為）と同じ 通常の犯罪	国際社会の共通利益の侵害 重大な人権侵害 犯罪の凶悪性
	犯罪行為地	公海という規制困難な区域 すべての国が処罰するべき	管轄権行使国の不在（国籍リンクなし） 消極的管轄権行使論	不処罰（impunity）を回避するためにいずれかの国で処罰されなければならない

羅的に列挙するにとどまっており、海賊型普遍的管轄権の根拠を特定する作業には直結していない。この点は新説の代表者であるコントロヴィッチも認めており、海賊事案に共通する特徴があったとしても、それが普遍的な処罰可能性に結びつかないものもあると指摘している[55]。

おわりに

普遍的管轄権の根拠に関する新説の貢献は、普遍的管轄権に関する従来の通説的理解の問題点を浮き彫りにした点にある。すなわち、①海賊型と人道型の関係が明らかではない。②そもそも海賊型の根拠が明らかではない（とくに「人類共通の敵」という説明の妥当性）。新説はこの2つの問いに明瞭な答えを出そうとしている。すなわち、①人道型は海賊型を「類推」したものであり（海賊類推）、犯罪の性質や法的効果の点で両者の間に関連性や類似性はない。②海賊

---

[55] Kontrovich 2004b, p.34.

型の根拠とされた犯罪性質論（「人類共同の敵」概念）や犯罪行為地論（公海要件論）は、十分な根拠付けを有していない。以上のように、旧説の根拠を根底から見直す点で新説は大きなインパクトを有する。さらに、新説は旧説に代わる海賊型の根拠を提示しようと試みている点で注目に値する（ポジティブ・アプローチ）。ただし、この最後の点についてはさらなる精緻化・理論化が求められる。

主要参考文献・資料

飯田忠雄, 1967,『海賊行為の法律的研究』（海上保安研究会）.
安藤貴世, 2010,「海賊行為に対する普遍的管轄権──その理論的根拠に関する学説整理を中心に」『国際関係研究』（日本大学）第30巻2号.
稲角光恵, 2000,「ジェノサイド罪に対する普遍的管轄権について（一）」『金沢法学』第42巻2号.
奥脇直也, 2009,「海上テロリズムと海賊（海賊問題と国際法）」『国際問題』第583号.
太寿堂鼎, 1980,「国際犯罪の概念と国際法の立場」『ジュリスト』第720号.
杉原高嶺, 1991,『海洋法と通航権』（日本海洋協会）.
西村弓, 2009,「マラッカ海峡およびソマリア沖の海賊・海上武装強盗問題」『国際問題』第583号.
古谷修一, 1988,「普遍的管轄権の法構造──刑事管轄権行使における普遍主義の国際法的考察 (1)」『香川大学教育学部研究報告第II部』第74号.
古谷修一, 1989,「普遍的管轄権の法構造──刑事管轄権行使における普遍主義の国際法的考察 (2)」『香川大学教育学部研究報告第II部』第75号.
村上暦造, 2001,「現代の海上犯罪とその取締り」国際法学会編『日本と国際法の100年 第3巻 海』（三省堂）.
最上敏樹, 2009,「普遍的管轄権論序説──錯綜と革新の構造」坂元茂樹編『国際立法の最前線』（有信堂高文社）.
山本草二, 1991,『国際刑事法』（三省堂）.
B. Stern, 1997, " La compétence universelle en France : le cas des crimes commis en ex-Yougoslavie et au Rwanda ", *German Yearbook of International Law*, vol.40.
B. Stern, 1999, "A propos de la compétence universelle... ", in E. Yakpo & T. Boumedra (eds.), *Liber Amicorum-Mohammed Bedjaoui*,
C. C. Joyner, 1996, "Arresting Impunity: The Case for Universal Jurisdiction in bringing War Criminals to Accountability", *Law and Contemporary Problems*, vol.59.
D.W. Bowett, 1983, "Jurisdiction: Changing Patterns of Authority over Activities and Resources", *British Yearbook of International Law*, vol.53.
Eugene Kontorovich, 2004a, "The Piracy Analogy: Modern Universal Jurisdiction's Hollow Foundation", *Harvard International Law Journal*, vol.45.
Eugene Kontorovich, 2004b, "A Positive Theory of Universal Jurisdiction", bepress Legal Series, Paper 211, http://law.bepress.com/cgi/viewcontent.cgi?article=1515&context=expr

esso (last visited 25 Feb. 2013)

Eugene Kontorovich, 2010, " 'A Guantánamo on the Sea': The Difficulty of Prosecuting Pirates and Terrorists", *California Law Review*, vol.98.

J.B. Labrin et H.-D. Bosly, 1999, " La notion de crime contre l'humanité et le droit pénal interne", *Revue de droit pénal et de criminologie*, tome 79,

Joel H. Samuels, 2010, "How Piracy has Shaped the Relationship between American Law and International Law", *American University Law Review*, vol.59.

Joshua Michael Goodwin, 2006, "Universal Jurisdiction and the Pirate: Time for an Old Couple to Part", *Vanderbilt Journal of International Law*, vol.39.

Kenneth C. Randall, 1988, "Universal Jurisdiction under International Law", *Tex. L. Rev.*, vol.66.

Milena Sterio, 2010, "Fighting Piracy in Somalia (& Elsewhere): Why More is Needed", *Fordham International Law Journal*, vol.33.

Yana Shy Kraytman, 2005, "Universal Jurisdiction - Historical Roots and Modern Implications", *BSIS Journal of International Studies,* vol.2.

第7章　国際法上の海賊行為

石井　由梨佳

はじめに

「海洋法に関する国際連合条約」(以下「国連海洋法条約」とする)において、海賊行為は、(1)私有の船舶または航空機の乗組員または旅客が(私船要件)、(2)私的目的のために(私的目的要件)、(3)公海、またはいずれの国の管轄権にも服さない場所において(場所的要件)、(4)ある船舶から、他の船舶もしくは航空機またはこれらの内にある人もしくは財産に対して(二船要件)行う、不法な暴力行為、抑留または略奪行為と定義されている(101条1項a号。なお特記しない限り括弧内の条文番号は国連海洋法条約のものである)。同条は排他的経済水域においても適用される(58条2項参照)。

　国際法上の海賊行為を一般条約において定義する試みは、国際連盟ハーグ法典化編纂会議専門家小委員会海賊抑止条文草案(ハーグ草案)[1]、ハーバード法科大学院研究会草案(ハーバード草案)[2]、国際法委員会(ILC)の条文草案(ILC草案)[3]においてなされてきた。そしてILC草案を土台にして採択された「公海に関する条約」(以下「公海条約」とする)の規定(14-21条)が、国連海洋法条約(100-107条)に継承された。

　本章では、海賊行為が国際法上どのような性質を有するものであるかを簡略

---

(1) League of Nations, Committee of Experts fot the Progressive Condification of International Law, 1923, Report to the Council of the League of Nations on the Questions which appear Ripe for International Regulation, Annex to the Questionnaire No.6 Report of the Sub-committee, C.196, M.70, 1927, V., p116.

(2) Harvard Law School Research Group, 1932a, p.740.

(3) International Law Commission 1956, p.254.

に記述する。まず、海賊行為が国際法上の犯罪としてどのように位置づけられてきたのかを歴史的経緯を踏まえて概観し（第1節）、次に国連海洋法条約上定められた構成要件の射程を論ずる（第2節）。

第1節　海賊行為の国際法上の犯罪としての性質

1　海賊に対する「普遍的管轄権」の意義——国際法違反説と特別管轄権説

　国連海洋法条約上、海賊行為は、公海上の旗国主義（92条1項）の例外を構成する。そして、各構成要件の射程に関する議論を検討するにあたっては、少なくとも、海賊の国際法上の犯罪の性格を巡る、次の2つの学説の対立が踏まえられるべきである[4]。1つは海賊行為の構成要件と法的効果は国際法上直接に定まっているが、その執行が各国に委ねられているとする見解である（国際法違反説）。もう1つは、海賊行為の構成要件と法的効果は国内法で定まっており、国際法はその管轄権の配分を行うのにとどまるとする見解である（特別管轄権説）。

　国連海洋法条約の規定構造は、特別管轄権説に整合的である。まず、条約は第三国による海賊に対する管轄権の行使を許容しているが（105条）、そのような管轄権行使は義務ではない。条約は海賊行為の抑止のための協力義務を定めるが（100条）、その方式はきわめて柔軟であり、具体的な行為をしなくてもこの規定の違反を構成するものではないと理解されている[5]。また、後述するように、条約上定められている海賊行為の定義は、厳格に絞られている。これは、第三国の管轄権行使を許容しても、行使国と旗国や海賊の国籍国等との間で国際紛争が生じないことを企図して海賊行為を定義したためである。海賊行為に対する管轄権は、それが犯罪の実行行為と管轄権を行使する国との間に何ら連結を必要としないことから、普遍的管轄権の一例とされる。しかし、それは特別管轄権説によって説明されるものであり、国際法違反説と整合的な実践とは

---

(4)　この対立については、Harvard Law School Research Group 1932a, p.752; Rubin 1998, p.360 参照。また、国際法上の犯罪の性格づけ一般について、Bassiouni 1973, p.32; 山本1991, p1 参照。

(5)　International Law Commission 1956, p.282.

区別されなければならない。

　次に検討されるべきなのは、海賊に対する特別な管轄権を正当化する根拠である。この点に関して、森田章夫が次のように主要な学説の対立を示している[6]。

　まず、国家が授権するなどして積極的に関与したという要素が否定される海上暴力行為について、各国が直接に管轄権を及ぼすことを認める見解がある。しかしこの見解は海賊行為の要件を画する根拠とはなりにくいと評価される。

　これに対して、海賊は法外の存在であるため、第三国の管轄権行使を妨げないという見解[7]や、海賊行為により国籍を失うという見解がある。しかしこれらには理論的な困難があると批判されることになる。とくに後者の見解については、国籍の喪失が国内管轄事項であることや、旗国による国籍を根拠とした管轄権行使を否定することになると拿捕国や旗国が普遍主義を根拠のした国内法を有さない場合に海賊への対処ができなくなること、国籍喪失の根拠が明らかでないことなどの、理論的難点が残ると評価される。

　これらに対して、取締りの妥当性を国際共同体の利益に資する点に求める見解がある。その中でも、海賊の凶悪性や国際社会全体への敵対性を重視する見解がある[8]。もっとも、海賊が普通犯罪であることを前提にする限り、この見解に基づくと海上テロなどその他の犯罪行為との区別が困難になるため、それ以外の具体的根拠が必要になる。

　そこで、国際共同体の利益の内容を海上交通の一般的安全に限定し、海賊行為がそれを害することを根拠とする見解がある[9]。この見解が条約の規定構造に整合する理解として、広く共有されている。

　以上のように、条約の規定は、特別管轄権説を基礎として、国際紛争を発生させない範囲で第三国の管轄権行使を認めており、その正当性は海上交通の一般的安全の保護に求めることができる。しかし、海上交通の安全を害する行為をどこまで海賊行為として評価できるのかについては、必ずしも議論が収斂しているわけではない。また、拿捕国以外の国が海賊に対する司法管轄権を行使

---

(6)　森田 2011, p.142.
(7)　Westlake 1904, p.82.
(8)　Halberstam 1988, p.269.
(9)　山本 1992, p.248; 森田 2011, p.146.

できることや、拿捕国が他の関係国に優位して司法管轄権を行使できることの国際法上の根拠は明確ではないが、この点についても議論が尽くされているわけではない[10]。

　冒頭に述べたように、海賊行為の概念の形成過程は歴史的に多岐にわたっており、一つの概念が変遷していったというよりも、複数の異なる概念が併存し、法典化の過程において収斂していったという方が正確である[11]。

　杉原高嶺は海賊行為概念の定義が一定しなかった要因を、(1)海上犯罪の取締りの必要性に迫られて、折々に発生する犯罪を海賊行為に含めて捉える傾向があったこと（これを海賊類推、piracy by analogyという）と(2)国内法の海賊概念と国際法上のそれとがしばしば混同されたことに求めている[12]。ここでは杉原の整理に従い、時期的に先行した国内法上の犯罪概念としての発展を簡潔に述べ、次に海賊類推を巡って提示された議論の対立を示すことにしたい。

2　国内法上の海賊行為と管轄権の拡張

　海賊行為は、近代国際法が確立する前から、一部の国において国内法上の犯罪とみなされていた[13]。そしてすでに17世紀の半ばには、いずれの主権者の委任も受けずに、あるいは外国から得た私掠免状を濫用して行われる海上で略奪行為は、海賊行為としてみなされていた[14]。そこで本章では、海賊行為の規制に関して、突出した国内法実践の展開を簡単に紹介する。

　(1)　英国　　英国では13世紀以降、海賊行為は私掠（privateer）と区別される違法な行為として位置づけられていた[15]。私掠は、私的復仇の一種であり、公海上で船舶を拿捕し、船内財産を捕獲することを合法とする制度である。そして、その合法性を担保する条件は、君主が発行した有効な捕獲免許状（私掠免状、letter of marque and reprisal）を保持することであった。その条件を充足せず、君主の権限に基づかずに行う海での略奪行為が海賊だとされた。

　13世紀当初は捕獲物の所有権の移転の有効性という民事的な側面が主たる

---

(10)　森田 2013, p.322.
(11)　Pella 1936, p.165；杉原 1991, p.197.
(12)　杉原 1991, p.197.
(13)　Rubin 1998, p.68.
(14)　薬師寺 2004, p.205.
(15)　Elleman 2010, p.9.

問題であったが、16世紀ごろから海賊行為に対する刑事的規制がなされるようになった[16]。

しかし、英国は自国の刑事管轄権の適用範囲を広げることについては消極的であった。海賊行為を犯罪として規定した1536年法の適用範囲は、文言上、英国海軍の権限が及ぶ場所に限定されており[17]、英国船舶以外の船舶に対する適用を基礎づける根拠はなかった[18]。そのため、属地主義と旗国主義に基づく法適用は行われたが、公海上の外国船舶及び英国管轄水域内における外国船舶内の外国人にまで及ぶとは考えられていなかった[19]。その後、海賊行為の定義の射程は拡大したが、法の適用条件として犯罪と英国との間に連結があることが定められていた。たとえば、1698年法は、外国の君主の許可を得て略奪行為を行うことを同法の適用対象となる行為と定めるが、その行為者は英国臣民または居留民であることを要件としている[20]。

英国における海賊規制は、英国自身による私掠の利用と密接に関わっていた。16世紀以降1713年のユトレヒト平和条約に至るまで、英国はとりわけスペインと海上権益を争っており、スペイン船舶に対する私掠を奨励していたためである。スペインとの紛争が終結した後、英国は私掠を禁止したが、それまで私掠に従事していた者が継続して略奪行為を行ったために海賊行為が増加したといわれる[21]。

また、英国が、18世紀から19世紀の初頭に至るまでに植民地を拡大したため、海上交易を展開するうえで、海賊行為が一層脅威になった。これに関連する背景として、英国の重商主義の一環で、植民地間もしくは英国と植民地間の貿易が英国もしくは植民地の船舶によって行われなくてはならないことを定めた1651年法が[22]、植民地の反発を惹起し、英国船舶への襲撃を招いたことが指摘される[23]。

---

(16) Rubin 1998, p.43.
(17) Offence at Sea Act, 28 Hen. VIII c. 15 (1536), *reprinted in* 2 Statutes at Large (1763 ed.), p.258.
(18) Rubin 1998, p.71.
(19) Rubin 1998, p.71.
(20) Piracy Act, 11 & 12 Will. III, c.7 (1698), *reprinted in* Harvard Law School Research Group 1932b, p918;この点は1744年法においても同様である。Piracy Act, 18 Geo. II, C.30 (1744), *reprinted in* Harvard Law Research Group 1936b, p.923.
(21) Elleman 2010, p.7; Fernández 2002, p.124.

そこで英国議会は、海賊規制法における連結要件を外して、英国とは直接の連結を有さない行為に対する管轄権行使を認めた[24]。また、海賊の構成要件を広く定めたり、従犯も定めたりするなどして、規制を強化した[25]。このような動向は、英国議会が、海賊行為を、海上強盗に留まらない、海上交易を一般的に害する行為だと認識するようになったことを反映したものであった。

(2) フランス　フランスでも、海賊行為は国家が行う収奪行為および私掠と区別して扱われ、国内法上刑事罰の対象になっていた[26]。同国でも17世紀の半ばには海上交易が発達し、とくに北アフリカを拠点とする海賊（Barbaresque）を規制する必要性が高くなっていた[27]。そこで、同国で、海上航行について最初に包括的な規律を定めた1681年令は、海上、港、停泊所、河川で行われた海賊行為がフランスの管轄に服するとした[28]。そして同法令は、フランス臣民が他国からの権限授与を受けて武装をし、他国の旗の下で航行をすることを海賊行為とみなし、捕獲の対象とすることを定めた[29]。また権限授与をされた国以外の国の旗の下で武装する船舶、もしくは、2つ以上の異なる国から権限授与を受けた船舶は、合法な捕獲の対象となることも定めた[30]。1825年法は、それ以前の海賊法を統合して、かつ、刑法を補完する目的で制定された[31]。同法は1681年令の内容を超えるものではないと説明されるが[32]、

---

(22) Navigation Act, C.22(1651), *reprinted in* Scobell Henry, 1651, *A Collection of Several Acts of Parliament, Published in the Years 1648, 1649, 1650 and 1651*, J. Field, p.176.
(23) Elleman 2010, p.6.
(24) Piracy Act, 1 Vic.c.88 (1837), *reprinted in* Harvard Law School Research Group 1932b, p.925.
(25) Rubin 1998, p.219.
(26) Pella 1926, p.163.
(27) Senly 1902, p.55.
(28) Ordonnace de la marine du mois d'aôut 1681, Libre I, Titre II, Art.10, *reprinted in* Gaston Isambert et al ed. 1829, *Recueil général des anciennes lois françaises*, t.19, p.282.
(29) Libre III, Titre IX, Art.3, *reprinted in* Gaston Isambert et al ed. 1829, *Recueil général des anciennes lois françaises*, t.19, p.282.
(30) Arrête du 22 mai 1803, *reprinted in* Louis Rondonneau (dir.), *Collection généraldeslois, décrets, arrétés, sénatus-consultes* (1818), p.9, Art 5. 次の2つの法令においても同じ内容が規定された。Arrêt, Octobre 29, 1798, *reprinted in* Louis Rondonneau (dir.), *Collection généraldeslois, décrets, arrétés, sénatus-consultes*, t. 7, p.119 ; Arrêt, 22 mai 1803, *reprinted in* France, M. Lepec (dir), 1839, *Recueil général des lois, décrets, ordonnances*, t. 10, p.34.
(31) Loi n°1825-04-10 du 10 avril 1825 pour la sûreté de la navigation et du commerce maritime, Bulletin des lois 8e S., 28, n°663 ; 各条項の解釈については Senly 1902, p.53.

犯罪の構成要件および法執行の手続きを新たに詳細に定めている。同法のもとでは、とりわけ、旅券などの航行の正当性を証明するための文書を備えていないか、もしくは備えていたことがあった船舶であって、武装し航行している船舶の乗組員と、複数の国から授権を受けた船舶の船長は、海賊とみなされる(1条1、2項)。戦争行為を行おうとする船舶の行為が正当であるかを確認する権利が国家にあることが、このような規制を行うことの根拠となっている[33]。また、フランス船舶の乗組員による掠奪、暴力行為(2条1項)、あるいは交戦状態にない外国船舶の乗組員がフランス船舶に対して行う暴力行為(2条2項)、あるいは同人が授権を得ずに行う暴力行為(2条3項)、あるいは同人が授権を得ずに行う暴力行為(2条3項)、国王の許可なく他国の授権を受け、外国船舶に対して行うフランス人の私掠行為(2条3項)、さらに、国王の許可があったとしても他国の授権を受けてフランス船舶に対して行うフランス人の暴力行為(3条2項)、フランス船舶を詐欺または暴力によって船舶を支配する行為(4条1項)も海賊とみなされる。

　同法は無国籍船舶や複数の国から権限授与された船舶も規律の対象にしているものの、それらを除けばフランスと連結を有する船舶に限って管轄権の行使を許容している点に留意が必要である。ジャネル(J. Jeannel)は1825年法に規定された諸犯罪は、海上航行に対する攻撃を抑止するために定義されたものであること、しかし、全ての国がそのような犯罪に対処する利益を有するわけではなく、むしろ私掠免状を発行した国家にとっては不利になることを指摘する[34]。また海上犯罪に対して臨検を相互に行う協定などの国家実行は存在していたが、そこで許容されている管轄権の行使は条約上の権利であり、一般国際法上のものではないと述べている[35]。

　(3) アメリカ合衆国　　米国憲法は連邦議会に「公海上で犯された海賊行為および重罪行為ならびに諸国民の法(law of the nations)に違反する犯罪を定義し、これを処罰する権限」を付与している[36]。同条に基づいて制定された

---

(32)　Senly 1902, p.60.
(33)　Jeannel 1903, p.107.
(34)　Jeannel 1903, p.123.
(35)　Jeannel 1903, p.123.

1790年法は「何人も特定国の管轄外における海上、川、港、河川流域、湾で、殺人、強盗、または州で行われれば死刑に処しうるその他の犯罪を行った者」などを海賊かつ重罪犯（a pirate and felon）であると定める[37]。本法では実行者あるいは実行船舶の国籍は限定されていない。「海上」の原語は「high seas」であるが、当時この用語は航行可能な海域全てを指すものとして理解された[38]。

1818年、外国船舶が外国人に対して行った海賊行為に米国裁判所の管轄権が及ぶかが争われたパルマー事件において、最高裁は、連邦議会はそれを許容する法を制定する権限を憲法上有するが、1790年法にはそのような一般的な文言がないことを判示した[39]。そこで連邦議会は1819年に「公海上、いかなる者であれ、諸国民の法上定義された海賊の罪を実行した者であって、後に米国に連れてこられ、あるいは米国内で発見された者」に刑事罰を科すことを定める法を制定した（1820年に改正、1820年法）[40]。ケント（James Kent）は、海賊行為は国家的な性質を有しておらず、それに対する処罰規定は他国の権利を害さないことを重視して、同法を支持している[41]。

（4）小括　このように、国内法においては海賊行為の管轄権の基礎が設定されていったが、その根拠や射程は多様であった。もっとも、海上交易の発展に伴い、自国船舶の航行利益を保護することが必要だという認識は、共有されるようになっていった。1856年のパリ宣言において、私人の利益のために海上交易に対する攻撃を行ってはならないという主要海運国の合意のもと、私掠が禁止されたのも[42]、その表れである。しかし国家間で協力して海賊を制圧する動きはなく、海賊の構成要件と法的効果が条約において定められる契機はその時点ではなかった。

---

(36)　Constitution of the United States of America, June 21, 1788, Section 8, Clause 10.
(37)　An Act for the Punishment of Certain Crimes against the United States, Chap 1, Esc.8, April 30, 1790.
(38)　Rubin 1998, p151.
(39)　U.S. v. Palmer, *et al*, 16 U.S. 610 (1818).
(40)　An act to protect the commerce of the United States and punis the crimie of piracy, Pub. L. 16-13, 3 Stat. 600, *enacted on* May 15, 1820.
(41)　Kent 1826, p.169.
(42)　Declaration Respecting Maritime Law, April 16 1856, *reprinted in* Georg Friedrich von Martens *Nouveau recueil général de traités* 1er serié, vol.15, p.791.

3 海上犯罪の海賊類推

　各国の国内法において、海賊に対するこのような特別な管轄権の基礎が形成されていったことから、19世紀に他の海上犯罪の取締りが条約を通じて行われるようになった際に、その犯罪を海賊に類推できるか、すなわち、その犯罪に対して、海賊に対するのと同じように特別な管轄権を行使することができるかが議論された。この議論は、翻って海賊行為の構成要件の射程を画定する契機になった[43]。

　まず、1800年代以降、英国が海賊行為に含めて捉えようとした行為に奴隷取引がある。当時、既に十分な奴隷労働力を確保していた英国は、奴隷取引を続けていた他の欧州諸国と米国に対して自国の経済的優位性を維持すること、また、資源の供給地であり潜在的な市場であるアフリカ社会の破壊を防止することを狙いとして、奴隷取引を海賊に準じて扱うことを試みた[44]。そのために英国は自国法で奴隷取引を海賊行為と定めただけではなく[45]、奴隷取引を国家間で禁止し、かつ相互臨検を許容する協定を主要な取引国と締結しようとした。しかしその締結はフランスや米国の反対が強かったために難航をきわめた。最終的に合意された協定の内容は臨検の対象海域を限定し、裁判権を旗国に留保するという限定的なものだった[46]。

　また、1880年代から1890年代にかけて、多岐に渡る海上犯罪について海賊類推の可否が争われた[47]。例えば、公海上の海底電信線の損壊行為を海上犯罪として規制するために条約を策定する際、米国がそれを海賊行為に類推して、容疑船舶の旗国以外の締約国に刑事管轄権を認める案を提出した[48]。しかしこの案に対しては、損壊行為を規制する重要性は高いが、旗国以外の国の刑事管轄権を認めることは均衡を失すると批判された。条約では損壊行為を犯罪と

---

(43) 山本1986, p.245.
(44) Grewe 2000, p.554.
(45) Slave Trade Act, 1825, 5 George IV, c. 113, *reprinted in* Harvard Law School Research Group 1932b, p.924.
(46) Convention revising the General Act of Berlin , February 26, 1885, and of the General Act and The Declarion of Brussels, July 2, 1890, *for the United States, League of Nations Treaty Series*, Vol.8, p.27; Gidel 1932, p.416.
(47) 山本1986, p.245.
(48) De Pauw 1968, p.135 ; Van der Mensbrugghe 1975, p.56.

してその構成要件を具体的に定めたものの、刑事管轄権はその行為を行った船舶の旗国に留保された[49]。北海における公海漁業の取締り[50]や、北海における酒類等の売買及び交換を規制する目的で締結された諸条約[51]でも同様である。

これらの条約を締結するにあたっては、いずれにおいても、対象となる犯罪が海上航行を直接に阻害するものではないことが重視された。また、事実上特定の国が犯罪を規制することになり、それゆえに他国の海洋利用を抑制することが警戒された[52]。

今日、海上犯罪に対して旗国以外の国が管轄権を行使する仕組みが薬物犯罪[53]や大量破壊兵器の輸送[54]などについて設けられている。しかし、それらの条約で用いられているのは一般的に旗国の同意を得て警察権の行使を補完的に行う方式であり、旗国主義の例外を構成するとまではいえない。

第2節　各構成要件意義と限界

1　私的目的要件、場所的要件、私船要件

ここまで述べてきた海賊行為の法的性質に関する議論は、公海条約に定められた各構成要件に直接に反映されている。

海賊行為の諸要件のうち、犯罪概念の変遷と密接不可分に関連してその射程が争われてきたのが私的目的要件である[55]。私的目的を略奪意思に限定する

---

[49] Convention concernant la protection des cables sous-marins, Article 10, 14 mars 1884, Georg Friedrich von Martens, *Nouveau recueil général de traités*, 2é serié, Vol. 11, p. 281.

[50] Convention pour régler la police de la Pêche dans la mer du Nord en dehors des Eaux territoriales, Article 5, 6 mai 1882, Georg Friedrich von Martens, *Nouveau recueil général de traités*, 2é serié, Vol. 9, p. 556.

[51] Convention du 16 novembre 1887 concernant l'abolition du trafic des spiritueux parmi les pecheurs dans la mer du Nord en dehors des eaux territoriales, 16 novembre 1887, Georg Friedrich von Martens, *Nouveau recueil général de traités*, 2é serié, Vol. 19, p. 414.

[52] De Pauw 1969, p.135.

[53] United Nations Convention against Illicit Traffic in Narcotic Drugs and Psychotropic Substances, 20 December 1988, *United Nations Treaty Series*, Vol. 1582, p. 95, Article 17.

[54] Protocol for the Convention for the Suppression of Unlawful Acts against the Safety of Maritime Navigation, 14 October 2005, *United Nations Treaty Series*, Vol.1678, p.304, Article 8 bis (5).

[55] 私的目的要件と私船要件との関係については、紙幅の都合上割愛するが、森田2015aを参照。

見解は、前述した国内判例においてだけではなく、法典化の過程において否定された。また、私的目的要件が、第一義的には国または国に準ずる団体を海賊行為の定義から除外するために設けられているという理解については、争いがない。しかし、その射程を更に限定するかは議論が分かれている。この議論の発展に大きく寄与したのが、叛徒団体の行為と海賊行為との異同に関する議論である。

　19世紀に中南米諸国で独立運動が展開され、米国で南北戦争が行われた過程で、叛徒団体（insurgent）が本国以外の船舶を襲撃する事件が頻発した。そこで、そのような行為を私人の海賊行為とみなして国内裁判所における刑事訴追の対象とするのか、あるいは国際法上海賊とは異なると評価される団体の暴力行為とみなすのかを巡って、次の諸見解が提示され、法典化における議論に影響を与えた。

　このような叛徒団体に対する行為を海賊行為とみなすことを正当化する見解として、まず、海賊は国家の支配を拒絶している存在であること、その活動について責任を負う国家という存在がないことを重視する見解が提示された[56]。しかしこの見解には前述したような理論的な難点があり、国連海洋法条約では海賊船舶も国籍を保持することができると規定された（104条）。この規定に対しては、旗国が自国船舶の管轄を保持しながらも、拿捕をした第三国が自国法を海賊船舶の中の人や財物に適用することを認めることが、海賊行為概念の歴史的な形成過程と整合しないという批判がある[57]。しかし、ILC草案ではこの問題についての議論はなされなかった。

　これに対して、叛徒団体が海賊ではない根拠というのは、その襲撃の対象が本国の船舶に限定されており、無差別に船舶を襲うわけではないからだとして、海賊行為の無差別性を重視する見解がある[58]。本国の船舶に限定して襲撃している限りにおいて、それは国内法上の犯罪にとどまるのであって、海賊行為とはみなされないという考え方である。当該団体が国際法上の交戦団体としての地位を得ていない場合には本国と友好関係を結んでいる国を襲う行為は私的

---

[56]　Westlake 1904, p.182.
[57]　Rubin 1998, p.359.
[58]　Gidel 1932, p.315.

目的で行われた行為と評価しうる。この見解は、海賊に対する特別な管轄権の基礎を海上交通の一般的安全に求める見解と整合的といえ、今日広く受け入れられている。

場所的要件は、管轄権を行使する国がない場所で行われた犯罪であれば、いずれの国が管轄権を行使しても他国の権限を害さないことが重視されて設けられた。同様に二船要件も、不法行為が行われたことが外見上明らかではない場合にも第三国の法執行を認めると、執行権の濫用を招来しうるために、それを回避し、船舶の独立性を尊重することをねらいとして設けられた[59]。

2　公海条約と国連海洋法条約の限界

公海条約と国連海洋法条約が定めるこれらの要件は、海上交通の安全を確保するという観点からは限界がある[60]。

まず、領海内で行われる海上武装強盗は、条約上場所的要件を充足しない。そのため通航の要所では海上武装強盗と海賊の双方に対処するための国際協力が行われている。アジア海賊対策地域協力協定[61]（**第10章古谷論文参照**）やジブチ行動規範[62]がその例である。

また、船舶の運航支配奪取行為等、一船舶内で行われる海上暴力行為は、二船要件を充足しない。これに関連して1961年のサンタマリア号事件と1985年のアキレラウロ号事件においては、海上テロリズム行為を海賊に類推できるかが問題とされた[63]。前者の事件は、ポルトガル国籍の客船において、ポルトガルの当時の政権の打倒を目指していたポルトガルの組織が、船舶の運航を奪取して乗客を殺害した事件である。後者の事件は、イタリア国籍の客船において、パレスチナ人がイスラエルに抑留中のパレスチナの政治犯の釈放を要求して、同じく運航を奪取して米国の乗客を殺害した事件である。しかし、船舶の運航支配奪取に代表されるような海上テロリズム行為と海賊行為は法益を異

---

(59) 奥脇 2009, p.20.
(60) 中谷 2003, p.779.
(61) Regional Cooperation Agreement on Combating Piracy and Armed Robbery against Ships in Asia, 11 November 2004, *United Nations Treaty Series*, Vol. 2398, p.199.
(62) International Maritime Organization, Djibouti Code of Conduct, 29 January 2009, C 102/14, 3 April 2009, p.5.
(63) 杉原 1991, p.197.

にすることから⁽⁶⁴⁾、そのような類推は許容されていない。そこで、1988年に採択された海洋航行不法行為防止条約では、広範な海上犯罪について、国際法が犯罪の構成要件や法律効果を定めて、その訴追を確実にするための国際協力を条約上の義務として各国に課す仕組みが設けられた。

おわりに

　国際法上の海賊行為を巡る議論は、海上犯罪に対する管轄権一般に関して、豊かな議論を提供してきた。それにも関わらず、公海条約および国連海洋法条約の採択以降、海賊行為の連結を有さない国が当該海賊を訴追した例は多くない。

　また、海賊対処の方法は各国の広範な裁量に委ねられている。たとえば、日本の海賊対処法で定義される海賊行為の構成要件も国連海洋法条約のそれに比して限定的である（海賊対処法は船舶航行支配の不法奪取等のみを海賊と規定し、航空機に対する不法行為は対象としてない。ただし、同法は日本の領海と内水においても適用される点、また、不法行為を行う目的で船舶につきまとう行為も海賊行為に含まれる点において、条約の規定よりも広いと評価できる）。しかし、条約が定める海賊対処のための一般的な義務（国連海洋法条約100条）以上に、対処を義務づける規定は条約には置かれていない。海上の安全を確保するために必要とされるのは、国際法上海賊行為の意義を過大に評価することではなく、ここまで述べてきたような海賊行為の発展、および、それをめぐる議論の構造を踏まえた制度設計を行うことである。

---

(64)　森田 2015b, p.539 参照．

主要参考文献・資料

奥脇直也, 2009,「海上テロリズムと海賊」『国際問題』第583巻, pp.20-33.
杉原高嶺, 1991,『海洋法と通航権』(日本海洋協会).
中谷和弘, 2003,「海賊に関する法律問題」落合誠一・江頭憲治郎編『海法大系――日本海法会創立百周年祝賀』(商事法務), pp.779-806.
森田章夫, 2011,「国際法上の海賊 (Piracy *Jure Gentium*) ――国連海洋法条約における海賊行為概念の妥当性と限界」『国際法外交雑誌』第110号2巻, pp.133-156.
森田章夫, 2013,「国際法上の海賊に対する国家管轄権の拡張」『法学志林』第110巻4号, pp.322-292.
森田章夫, 2015a,「国連国際法委員会における海賊行為概念――私的目的・私船要件の意義」江藤淳一編『国際法学の諸相』(信山社), pp.203-225.
森田章夫, 2015b「国際法上の海賊行為による被侵害法益」柳井俊二・村瀬信也編『国際法の実践』(信山社), pp.539-559.
薬師寺公夫, 2004,「公海海上犯罪取締りの史的展開」栗林忠男・杉原高嶺編『海洋法の歴史的展開』(有信堂) pp.195-247.
山本草二, 1986,「海上犯罪の規制に関する条約方式の原型」山本草二・杉原高嶺編『海洋法の歴史と展望――小田滋先生還暦記念』, pp.245-287.
山本草二, 1991,『国際刑事法』(三省堂).
山本草二, 1992,『海洋法』(三省堂).
De Pauw Frans, 1968, "L'exercise de mesure de police en haute mer en vertu des traites ratifies par la Belgique", L' Institute de sociologie, *La Belgique et le droit de la mer*, pp.121-150.
Fernández, Joaquín Alcaide, 2002, "*Hostes humani generis* : Pirates, Slavers and other Criminals", *in* Barde Frassbender & Anne Peters ed., *The Oxford Handbook of the History of International Law*, Oxford University Press.
Gidel, Gilbert, 1932, *Le droit international public de la mer : le temps de paix*, Mellottée
Grewe, Wilhelm G., Michael Byers (*trans*.) 2000, *The Epochs of International Law*, Walter de Gruyter.
Halberstam, Malvina, 1988, "Terrorism on the High Seas: The Achille Lauro, Piracy and the IMO Convention on Maritime Safety", *American Journal of International Law*, Vol. 82, pp.269-310.
Harvard Law School Research Group, 1932a, "Codification of International Law, Part VI, Piracy," *American Journal of International Law, Special Supplement*, Vol. 26, pp.739-886.
Harvard Law School Research Group, 1932b, "Part V A Collection of Piracy Laws of Various Countries" *American Journal of International Law, Special Supplement*, Vol. 26, pp.887-1014.
International Law Commission, 1956, "Report of the International Law Commission to the General Assembly," Document A/3159, Report of the International Law Commission covering the Work of its Eighth Session, 23 April - 4 July 1956, *Yearbook of the International Law Commission*, Vol. II, p.253.
Jeannel J., 1903, *La Piraterie*, A. Rousseau.
Kent, James, 1826, *Commentaries on American law*, Vol. 1 F.B. Rothman.
Pella, Vespasien, 1926, "La répression de la piraterie", *Recueil des Cours*, Vol. 33, pp.671-837.
Rubin, Alfred, 1998, *The Law of Piracy*, Naval War College Press.
Van der Mensburugghe, Yves, 1975, " Le Pouvoir de police des etats en haute mer", *Revue belge de droit international*, pp.56-102.
Westlake, 1904, *International Law: Peace*, Cambridge University Press.

理解を深めるために
コラム③ サンタ・マリア号事件

1961年1月22日、武装した男らが、公海上で、ポルトガル籍の観光クルーズ船であるサンタ・マリア号の運航を支配し、乗組員らを殺傷した。船舶は蘭領キュラソー島からベネズエラのラ・グアイラに向けて航行しており、男らは乗客として船舶に搭乗していた。

犯行を主導したガルバオは、ポルトガル籍であり、ポルトガルの当時のサラザール政権と対立していたデルガドを支持する反政府運動組織の幹部であった。ガルバオは、船舶の航行を支配した後、その行為がサラザール政権に対する反乱であるという趣旨の声明を発した。

事件を受けて、ポルトガル政府は、本行為が「公海に関する条約」(以下「公海条約」とする)15条の規定する海賊行為であるとして、米国政府と英国政府に対して、船舶に介入するように協力を求めた。

その時点で、同号は、ブラジルの沿岸域を通過してポルトガル領であったアンゴラに向けて航行していたが、米国海軍とポルトガル海軍が公海上でそれを阻止した。2月2日に同号はブラジルのレシフェに入港し、そこで乗客と乗組員は解放され、容疑者らはブラジルで政治的庇護を得た。船舶はブラジル当局を通じてポルトガル政府に返還された。

本事件に関して問題となったのは、船舶の旗国であるポルトガル以外の国が、公海上で、同号に対して、いかなる法的根拠に基づいて干渉することができるかである。米国は、旗国であるポルトガルからの要請に基づいて船舶の阻止を行ったが、学説上は主に次の2つの点が議論となった。

まず、一般国際法上、ガルバオを国際法上の交戦権を有する叛徒団体とみなすことができるかが問題になった。なぜなら仮にそうであるならば、叛徒団体が本国政府の船舶を拿捕することが許容され、第三国の介入が禁止される場合があるためである。この点については、そのような叛徒団体としての地位を得られるかは、本国ないし第三国からの承認の有無によってではなく、その行為が本国政府の船舶や財物のみに向けられていたかという、行為の外形的基準に基づいて判断されるという見解が有力である。本件では、反政府運動組織が本国政府と交戦状態にあったという事情は認められず、また、危害は乗客であった文民にも及んでいる。そのためガルバオらは叛徒団体とは見做され得ないと解される。

そこで次に、ガルバオらが国際法上の海賊であり、第三国が管轄権を行使することができるのかが問題になった。

本件の行為は二船要件を充足しないため、公海条約上の海賊行為に該当しないことに異論はない。しかし、その点は別にして本件行為が現政権を打倒するという政治的な目的で行われた行為であることを捉えて、私的目的要件を充足しないという議論があった。もっとも「私的目的」を政治的な目的以外の目的だとする学説の理解は、支持を得ているとは言えない。むしろ、本要件の充足の有無は、海上交通の安全を広く害する行為であるかを基準にする見解が有力である(「私的目的」要件の解釈については**第7章石井論文参照**)。本件は民間船舶の航行を不法に奪取した事案であるため、私的目的要件を充足していると評価することができる。

このように、本件を巡って叛徒団体と海賊の区別について交わされた議論は、海賊の法的地位に関する学術的理解を深めるものとなった。

【参考文献】 C. G. Fenwick, 1961, "'Piracy' in the Caribbean," American Journal of International Law, Vol. 66, pp. 426-428; L. C. Green, 1961, "The Santa Maria: Rebels or Pirates," British Yearbook of International Law, Vol. 38, pp.496-505; 森田章夫, 2009,「海賊行為と反乱団体」『海洋権益の確保に係る国際紛争事例の研究(第1号)』(海上保安協会), pp. 44-58.

(石井 由梨佳)

理解を深めるために
コラム④ アキレ・ラウロ号事件

　1985年10月、イタリア船籍の客船「アキレ・ラウロ」（約2万3600トン）が、エジプトのアレキサンドリアからポートサイドへ向けて航行中、乗客を装って乗船していた武装した4名によって乗っ取られた。乗取犯は、パレスチナ解放機構（PLO）の軍事組織の1つであるパレスチナ解放戦線（PLF）に所属していた。乗取犯はイスラエル政府に対して拘禁中のパレスチナ・ゲリラ50名の釈放を要求し、約200名の乗客を人質として監禁し、シリア沖の公海上で乗客の米国人1名の殺害に及んだ。乗取犯によるパレスチナ・ゲリラ釈放の要求はイスラエル政府により拒否されたものの、エジプトとPLOおよびイタリアとPLOとの間での話し合いの結果、乗取犯はエジプト政府に投降し、乗客は解放された。乗取犯を乗せたエジプトの民間航空機は、エジプトからPLOの本部のあるチュニジアに向けて飛行中、公海上空で米軍の戦闘機に進路を妨害され、イタリアのシチリア島のシゴネーラにある北大西洋条約機構空軍基地に強制着陸させられ、イタリア政府は4名の乗取犯の身柄を拘束した。米国政府は乗取犯による行為を人質強取や国際法上の海賊行為等と認定して、1983年に米国・イタリア間で締結された犯罪人引渡協定に基き、船舶の旗国であり乗取犯の身柄を拘束しているイタリア政府に対して引渡しを要求したが、イタリア政府は自国で裁判に付すこととし、引渡し要求には応じなかった。4名の乗取犯はイタリアの国内裁判所によってそれぞれ有罪判決を受けて処罰された。
　本件はアキレ・ラウロ号の船内で発生した事件であることから、国際法上の海賊行為の要件（公海上の私有船舶の乗員・乗客による他の船舶等に対する私的目的に基く不法な暴力等の行為）のうち、「他の船舶等に対する」という要件は明らかに充足していない（国際法上の海賊行為の要件の解釈等については**第7章石井論文**参照）。本件の発生を受けて、国際法上の海賊行為以外の海上で発生した暴力等の行為への国際法の対応の必要性についての認識が高まり、1988年3月に国際海事機関（以下「IMO」とする）で「海洋航行の安全に対する不法な行為の防止に関する条約」（以下「SUA条約」とする）が採択された。
　SUA条約は、船舶を奪取する行為、船舶内の人に対する暴力行為、船舶を破壊する行為等の船舶の運航支配および船舶の航行の安全に対する不法行為を「犯罪」（an offence）と規定し（3条）、締約国にこれらの犯罪を各国国内法においても犯罪化し、その重大性を考慮した適当な刑罰を科すことを義務づけ（5条）、さらに、これらの行為の容疑者が処罰を免れることのないよう、容疑者が領域内に所在する締約国は、自国で裁判権を設定して訴追するか、あるいは、裁判権を設定した関係国（旗国、犯罪地国、犯人の国籍国や被害者の国籍国等）に引渡すかのいずれかを選択することを義務づけた（6条4項と10条1項）。SUA条約は1992年3月に発効し、2016年3月8日現在の締約国数は166か国である。日本は1998年4月に加入し、同年7月に日本について発効した。
　また、2005年10月には、IMO主催の外交会議において、海上テロリズムの未然防止や大量破壊兵器の拡散防止のために、SUA条約の改正に係る議定書（以下「改正SUA条約」とする）が採択された。改正SUA条約は2010年7月に発効し、2016年3月8日現在の締約国数は35か国である。日本は未加入である。

【参考文献】酒井啓亘, 2007,「アキレ・ラウロ号事件と海上テロ行為の規制」杉原高嶺・栗林忠男編『海洋法の主要事例とその影響』（有信堂高文社）, pp.128-158. 鶴田順, 2010,「改正SUA条約とその日本における実施」杉原高嶺・栗林忠男編『日本における海洋法の主要課題』（有信堂高文社）, pp.131-161.

（鶴田 順）

第8章 米国裁判所における海賊行為の解釈

下山 憲二

はじめに

　2010年1月、南極海で「第2期南極海鯨類捕獲調査」(JARPA II)を実施していた日本の「調査捕鯨」船に対して、米国ワシントン州に本部を置く反捕鯨を主張する米国で設立された団体シー・シェパード保護協会(Sea Shepherd Conservation Society、以下「SS」とする)がさまざまな妨害行為を行った(SSによる妨害行為については**コラム⑤シー・シェパードによる日本の「調査捕鯨」に対する妨害行為**参照、またJARPA IIの詳細とその国際司法裁判所による評価については**コラム⑥「南極海鯨類事件」国際司法裁判所判決**参照)。SSは、2007年頃からJARPA IIに従事する日本の調査捕鯨船に対する妨害行為を行っており、2010年の妨害行為ではSS所属のボブ・バーカー号が調査捕鯨船の母船である日新丸の航行を妨害し、また、アディ・ギル号が監視船の第二昭南丸と衝突し、同号が航行不能に陥るなどした。SSが行ったとされるこれらの妨害行為に対して、日本政府は外務省を通じてSSの抗議船の旗国に対して厳重な抗議を行った。

　こうしたSSのような団体による妨害行為について法的にどのように評価するかについては、「海賊行為の処罰及び海賊行為への対処に関する法律」(平成21年法律55号)(以下「海賊対処法」とする)の審議段階でも議論となった[1]。つまり、それらの妨害行為が同法における海賊行為に含まれるかという点について、日本政府は否定的な立場をとっている(**コラム⑤**参照)。しかしながら、当該妨害行為の直接の被害を受けた一般財団法人日本鯨類研究所は、調査捕鯨船

---

(1) 海賊対処法の成立経緯および内容については、cf. 森川 2009, pp.49-64.

の船長（共同船舶所属）らとともに、SS およびその代表者である W 氏を相手取り、2011 年 12 月 8 日に米国ワシントン州連邦地方裁判所に対して、妨害行為の暫定差止めを求め提訴した。同判決では、日本鯨類研究所らの主張はほぼ全面的にしりぞけられてしまったが、上訴審にあたる第 9 巡回区連邦控訴裁判所では、逆に連邦地裁判決がほぼ覆される結果となった。とくに、上訴審では SS による妨害行為が「国際法上の海賊行為」に該当すると認定された点が注目される（国際法上の海賊行為の詳細については**第 7 章石井論文**参照）。

　本章では、**第 1 節**で上述した米国での判決の検討を通して、国際法上の海賊行為を米国裁判所はどのように解釈し認定しているのかを取りあげる。そして、**第 2 節**では、米国裁判所での判決を踏まえ、SS のような団体による妨害行為と国際法上の海賊行為との関連性を検討する。

第 1 節　米国裁判所の判決概要

1　ワシントン州連邦地方裁判所判決

　2011 年 12 月 8 日、2010 年の SS による妨害行為に対して、日本鯨類研究所、JARPA II 実施主体である株式会社共同船舶、調査母船「日新丸」船長である O 氏および目視調査船「第二勇新丸」船長の M 氏ら（以下、原告とする）が共同で、米国の外国人不法行為請求権法（Alien Tort Statute）に基づき、ワシントン州連邦地方裁判所（以下「連邦地裁」とする）に提訴し、2012 年 3 月 19 日に判決が言い渡された。

　（1）**妨害行為の内容と事実認定**　本件で問題とされた妨害行為の内容については当事者間で主張が食い違っているため、判決で認定された事実を中心に取りあげる。

　まず、SS 側が原告側の船舶に対して行ったとされる行為は、①塗料入りの瓶の投擲（とうてき）、②酪酸入りの瓶の投擲、③発煙弾の投擲、④高出力レーザーの照射、⑤プロペラに絡ませるためのロープの投げ込みと⑥衝突の 6 つの行為であった。連邦地裁は、①について、塗料入りの瓶が破裂した際、原告側船舶の乗組員 1 名が塗料を被ったと認定した。しかし、②、③、④および⑤については、SS 側が実施したことを認定したが、当該行為によって、船舶および乗組員への被

害が生じたとは立証されていないとした。そして、⑥については、SSのアディ・ギル号が原告の第二昭南丸と衝突したことは間違いないが、当該衝突によって、第二昭南丸自体およびその乗組員は何らの損害も被ってはおらず、そもそも当該衝突はアディ・ギル号の故意によるものではなく、双方の過失によるものであるとした[2]。

また、SSによる妨害行為に対して原告がとった措置である、(a)放水、(b)大音響発生措置（LRAD）の使用、(c)ボルトの投擲などについても、これらの行為によってSS側の乗組員が負傷した証拠は存在しないと認定している[3]。

(2) 当事者の主張 　原告は、SS側の船舶およびボートが原告船舶の少なくとも800m以内に接近しないことおよび原告船舶および乗組員への妨害行為を禁止するため、暫定差止命令（preliminary injunction）を求めた[4]。本裁判での原告の請求は多岐にわたり複雑であるが、暫定差止命令の直接の根拠として援用されたのは、(i)SSによる妨害行為が海賊行為を禁止する国際規範に違反し、(ii)SSによる妨害行為が公海上での安全な航行の自由を侵害したことの2点であった。これらに関する原告およびSSの主張を要約すると以下のとおりである。

①について、原告は、まず海賊行為に関する規則は国際慣習法化しており、「海洋法に関する国際連合条約」（以下「国連海洋法条約」とする）および公海条約における海賊行為に関する規範は、具体的、普遍的かつ義務的であると国際的に認められていると主張する[5]。さらに、米国は国連海洋法条約の締約国ではないが、海賊行為に関する規定は、国際慣習法を反映するものとして多くの国家によって認められており、米国の過去の判例においても受け入れられているとする[6]。また、海賊行為の定義として、SSが海賊とは海上での強盗を超えるものでも下回るものでもないという非常に狭いものであると主張したのに対して、原告は、海賊は公海上の船舶に対する暴力行為を含むより広いもので

---

(2) Institute of Cetacean Research, et al. v. Sea Shepherd Conservation Society, et al., Case No.C11-2043RAJ(Was 2012). Reproduced in Westlaw International, pp.1223, 1224.
(3) *Ibid.*, p.1224, 1225.
(4) *Ibid.*, p.1216.
(5) *Ibid.*, p.1232.
(6) *Ibid.*

あると反論した[7]。他方、(ii)について、原告が「海洋航行の安全に対する不法な行為の防止に関する条約」（以下「SUA条約」とする）3条および「1972年の海上における衝突の予防のための国際規則に関する条約」に添付されている「1972年の海上における衝突の予防のための国際規則」（以下「COLREG規則」とする）4条および8条をあげて、SSによる妨害行為により、これらの条約で認められる航行の自由が侵害されたと主張した[8]。

(3) **判決**　裁判所は、まず(i)について、原告が海賊行為を禁止する具体的、普遍的および義務的な国際規範を国連海洋法条約が反映していると主張したと仮定し、原告の主張を裏付けるためには、同条約101条で規定する海賊行為の2要件である「暴力行為」および「私的目的」が極めて重要であるとする[9]。まず「暴力行為」については、海洋生物保護のために行使される暴力行為を禁じる具体的、普遍的および義務的な国際規範が存在するとはいえないとしたうえで、たとえそのような規範が存在したとしても、SSの行為が慣習国際法でいう「暴力行為」に当たるかを立証する責任は原告にあると判断した[10]。さらに、SSの妨害行為が人間ではなく船舶に向けられていたため、当該行為を「暴力行為」とみなせるか否かについては明らかでないとした[11]。そして、「私的目的」に関しては、それが一般的には「経済的利益（financial enrichment）」の追求にあるとしたうえで、SSの関心は南極海での鯨類の保護にあり、経済的利益には無関心であり、海洋生物の屠殺（slaughter）を防ぐ行為が「私的目的」であるとする国際的なコンセンサスは存在しないと結論づけた[12]。

次に(ii)について、SSの行為のうち、原告船舶のプロペラに向けてロープを投げ入れた行為のみが、SUA条約3条で定める船舶の安全な航行を阻害しない義務に違反するおそれがあるとした[13]。実際に、原告船舶のプロペラにはロープが絡まっており、方向舵も損傷していたが、当該行為が原告船舶の「安

---

(7) *Ibid.*
(8) *Ibid.*, p.1233, 1235.
(9) *Ibid.*, p.1233.
(10) *Ibid.*
(11) *Ibid.*
(12) *Ibid.*
(13) *Ibid.*, p.1234.

全な航行」を侵害した証拠は存在しないとして、同条約に違反したと結論づけることはできないと判断した[14]。他方、衝突予防については、国際規範として認められているとしたうえで、原告船舶付近でのSS船舶の操縦がCOLREG規則に違反すると考えられるとした[15]。結局のところ、COLREG規則に基づく衝突予防の点を除き、原告の主張は全て退けられる結果になった。

2 第9巡回区連邦控訴裁判所判決

2012年4月11日、連邦地裁判決を不服として原告は第9巡回区連邦控訴裁判所に上訴し、2013年2月25日に判決が下されている。

主任判事であるコジンスキーは、まずSSが行った数々の妨害行為を取りあげ、それらがいかに高尚な目的であると信じていたとしても、まぎれもなく海賊（pirate）であるという見解を述べたうえで、判決理由の中で連邦地裁の判断を再検討している[16]。

連邦地裁判決の主な争点である(i)および(ii)に関する部分だけを取りあげると、まず(i)について、連邦地裁による「暴力行為」および「私的目的」の解釈が誤っているとしたうえで、「暴力行為」について、船舶に対する行為が「暴力行為」とはみなせないという解釈は、「他の船舶に対する暴力」や「人間や財産に対する暴力」を禁じている国連海洋法条約自体に違反しているとする[17]。たとえ「暴力行為」が無生物（船舶）にのみ向けられたとしても、船舶を衝突させ、ロープをプロペラに絡ませあるいは酪酸入りの瓶等を投げつける行為は、容易に「暴力行為」と判断することができるとした[18]。さらに、連邦地裁は「私的目的」を「経済的利益」の追求に限定したが、そもそも「私的」の共通の理解は、より広範なものであり、通常は「公的（public）」の反意語として使用されており、必ずしも経済的利益とは結びつかない個人的性質の問題を指している[19]。それに加え、有害物質の海洋での排出に対する環境保護を主張す

---

(14) *Ibid.*
(15) *Ibid.*, p.1235.
(16) Institute of Cetacean Research, et al. v. Sea Shepherd Conservation Society et al., No.12-35266(9th Circ, 2013). Reproduced in Westlaw International, p.942.
(17) *Ibid.*, p.944.
(18) *Ibid.*
(19) *Ibid.*, p.943.

る団体の妨害行為が私的目的であると認定したベルギー破毀院の解釈を参照して、「私的目的」には、SSが公言している環境上の目標といった個人的、倫理的および哲学的理由に基づき追求される目的も含まれると結論づけた[20]。

次に(ii)に関して、連邦地裁は、SSによるロープの投げ入れによって実際に原告船舶に損傷が発生していたにもかかわらず、「安全な航行」が侵害されたと立証されていないとしてSUA条約違反を否定したが、同条約の文言からすれば、損害が生じたか否かが問題なのではなく、SSがそのような危険な状況を作り出したことが問題であるとする[21]。それゆえ、たとえSSによる原告船舶に対する航行の妨害が成功しなくとも、それを試みること自体がSUA条約を援用するに十分であると結論づけた[22]。結果として、上訴審判決では、連邦地裁判決を破棄し、判事交替のうえで、連邦地裁への差戻しを命じた。

第2節　環境保護を目的とする妨害行為の位置づけ

1　米国裁判所判決の国際法上の位置づけ

第1節で取りあげた米国裁判所による判断は、国際法上の海賊行為の重要な要件である「暴力行為」および「私的目的」について、かなり明確な解釈を行っている点が注目される。しかしながら、このような明確な解釈によっても、今後もSSのような団体が、捕鯨への反対や環境保護を目的として他船に対して行った妨害行為を国際法上の海賊行為とみなせるわけでない。やはり、国際法上の海賊行為に関するこれまでの議論を踏まえたうえで、慎重に分析を行う必要がある。そこで、本節では、まず国際法上の海賊行為の成立過程でなされた議論のうち、とくに「暴力行為」および「私的目的」に関する点と米国裁判所が示した両者に関する解釈との関連を検討する。

2　「暴力行為」をめぐる議論

国連海洋法条約101条は、海賊行為について詳細な定義を行っている一方で、海賊行為成立の重要な要件となる「暴力行為」については、何ら具体的な内容

---

[20] *Ibid.*, p.944. なお、ベルギー破毀院判決については**第2節3**参照。
[21] *Ibid.*, p.945.
[22] *Ibid.*

は明示していない。一般的に「暴力行為」とは、略奪の意思を伴わないでする人や船舶に対する攻撃性を備えた物理的または心理的強制の実行である。その強制には物理的な実力の直接行使だけでなく威嚇や脅迫といった心理的な強制も含まれると理解されている[23]。その意味において、米国裁判所が、SSによる船舶の衝突、プロペラへの絡索を目的としたロープの投入や乗組員に対する酪酸入りの瓶等の投擲を「暴力行為」とみなしたことは、上記の「暴力行為」に関する一般的理解に従ったものだと判断できる。

3 「私的目的」をめぐる議論

「私的目的」が国際法上の海賊行為の要件に含まれるようになったのは、国または国に準ずる団体を海賊行為の主体から除外するためだとされる[24]。とくに内乱および反政府暴動の過程での叛徒団体による行為を海賊行為に含めるべきか否かの議論において、「私的目的」の意味も含めたさまざまな議論が展開されることとなった。その結果として、叛徒団体は本国の船舶に限定して襲撃することから、海上交通の一般的安全を侵害すると性格づけられる海賊とは別個の存在であると理解されている（叛徒団体による行為と海賊行為との関係については**第7章石井論文参照**）。

上記の議論の過程において、国際法上の海賊行為概念はかなり明確化されることとなったが、「私的目的」をどのように解釈すべきかについては現在でも見解が分かれており[25]、収束をみていない[26]。そのような状況において、米国裁判所が注目したベルギー破毀院判決は、「私的目的」の解釈に関する重要な先例だと考えられるため、その概要を理解しておくことは有益である。

同事件は、1985年に公海上で有害物質の排出に従事するベルギー船籍の船舶に対して、環境保護を主張するカナダで設立された団体であるグリーンピースのメンバーがオランダ船籍の船舶を用いて排出船に乗り移って占拠し、同船を損傷させる等の妨害行為を行ったというものである[27]。第一審では、当該

---

(23) Cf. 飯田 1967, p.187,263; O'Connell 1984, pp.657-660.
(24) Cf. 山本 1991, pp.249, 250; Guilfoyle 2009, pp.36, 37.
(25) Cf. 森田 2011, p.147.
(26) Cf. 林 1995, p.114.
(27) Castle John and Nederlandse Stiching Sirius v. NV Mabeco and NV Parfin, Reprinted in *International Law Report*, vol.77, pp.537-540.

妨害行為が公海上でなされ、かつ妨害実施船がオランダ船籍であることを理由に、ベルギーの管轄権を否定し、訴えを却下したが、上訴審にあたる破毀院は、管轄権を肯定したうえで妨害実施船の行為が海賊行為にあたると判断した[28]。海賊行為と認定する過程で、破毀院は「私的目的」に関して、公海上で有害物質の排出を行っていた船舶に対する妨害実施船による妨害行為は、廃棄物の海洋排出の危険性を世論に喚起するという意味で称賛に値するが、そのような目的をもってしても、とった手段の違法性を阻却するものではないとして、妨害船の行為を「私的目的」で実施されたものと認定した[29]。つまり、行為の目的に政治性が含まれていたとしても、「私的目的」の認定は、行為自体の違法性に基づいてなされるべきであると示したといえる[30]。

　米国裁判所での「私的目的」の解釈は、基本的に上記のベルギー破毀院判決に従ったものといえるが、同判決をより明確にしたものと理解することもできる。つまり、「私的」を「公的」の反意語として捉えることにより、その範囲がかなり広範なものであると位置づけたうえで、「私的目的」には環境上の目標といった個人的、倫理的および哲学的理由に基づき追求される目的も含まれるとした。いずれにしても、両判決は、捕鯨への反対や環境保護を主張する団体による妨害行為が海上交通の一般的安全を侵害するものであり、その意味において、同じく暴力行為や船舶の支配および奪取によって上記の安全を侵害する海賊行為に含まれうることを示唆したものであると考えることができる。

おわりに

　すでに見てきたように、本件において米国裁判所が行った国際法上の海賊行為の重要な構成要件である「私的目的」の解釈は、基本的にベルギー破毀院が行った解釈を継承したものである。米国裁判所が捕鯨への反対という非経済目的でなされた妨害行為であったとしても、場合によっては国際法上の海賊行為とみなされる可能性があることを示したことは、先例として重要な意味を有し

---

(28) *Ibid.*, p.540.
(29) *Ibid.*, p.539.
(30) Cf. 山本 1992, p.162.

ていると考えられる。もっとも、かりに、上記のような行為が国際法上の海賊行為とみなされうるとしても、日本の国内法である海賊対処法に基づき、当該行為を同法の海賊行為とみなすことができるか否かは全く別の問題である（コラム⑤参照）。

いずれにしても、今回の米国裁判所による判断は、国際法上の海賊行為に関する解釈の点において、今後の類似事案の発生に対する各国国内裁判所の判断にも大きな影響を与えうるものと考えられる。

主要参考文献・資料

飯田忠雄, 1967,『海賊行為の法律的研究』（有信堂高文社）.
小田滋, 1985,『注解国連海洋法条約上巻』（有斐閣）.
坂元茂樹, 2010,「調査捕鯨船舶への妨害行為に対する我が国の管轄権行使について」海上保安協会『海洋権益の確保に係る国際紛争事例研究第2号』（海上保安協会）, pp.85-100.
林久茂, 1995,『海洋法研究』（日本評論社）.
森川幸一, 2009,「海賊取締りと日本法——海賊対処法制定の意義と背景」『国際問題』583号, pp.49-64.
森川章夫, 2009,「海賊行為と反乱団体——ソマリア沖「海賊」の法的性質決定のてがかりとして」海上保安協会『海洋権益の確保に係る国際紛争事例研究（第1号）』（海上保安協会）, pp.44-58.
森川章夫, 2011,「国際法上の海賊——国連海洋法条約における海賊行為概念の妥当性と限界」『国際法外交雑誌』110巻2号, pp.133-156.
山本草二, 1991,『国際刑事法』（三省堂）.
山本草二, 1992,「沿岸国の執行措置——とくに船舶起因汚染を中心に」日本海洋協会『海洋法・海事法判例研究第3号』（日本海洋協会）, pp.151-172.
横田喜三郎, 1959,『海の国際法上巻』（有斐閣）.
Castle John and Netherlands Stiching Sirius v. NV Mabeco and NV Parfin (Belgium, Court of Cassation, 1986), reprinted in *International Law Report*, vol.77, pp.955-957.
D. P. O'Connell, 1984, *The International Law of the Sea*, volume 2, Clarendon Press.
Douglas. Guilfoyle, 2009, *Shipping Interdiction and the Law of the Sea*, Cambridge University Press.
Institute of Cetacean Research, et al. v. Sea Shepherd Conservation Society, et al., Case No.C11-2043RAJ (Was 2012). Reproduced in Westlaw International.
Institute of Cetacean Research, et al. v. Sea Shepherd Conservation Society et al., No.12-35266(9th Circ, 2013). Reproduced in Westlaw International.

理解を深めるために
コラム⑤ シー・シェパードによる日本の「調査捕鯨」に対する妨害行為

1. 妨害行為の概要

一般財団法人日本鯨類研究所は、2005年から2014年まで「第2期南極海鯨類捕獲調査」（JARPA II）を鯨類捕獲調査母船「日新丸」（日本法人の共同船舶（株）が所有する約8000トンの日本籍船舶）などにより実施していた（JARPA IIの詳細とその国際司法裁判所による評価についてはコラム⑥参照）。反捕鯨を主張する米国で設立された団体「シー・シェパード」（以下「SS」とする）による日本の調査捕鯨船に対する妨害行為は2007年2月に始まった。SSによる妨害行為は、具体的には、(a)調査捕鯨船に対するSS所属活動家による発煙筒や酪酸入りの瓶などの投擲、(b)航走中の調査捕鯨船に対するSS所有船舶の船体接触、(c)航走中の調査捕鯨船に対するSS所有船舶の意図的な衝突、(d)SS所属活動家による調査捕鯨船のプロペラ絡索を目的としたロープ投入、(e)調査捕鯨船に対するSS所属活動家の乗り込みなどである。

2. 日本の国内法上の犯罪？

上記(a)の妨害行為については、SS所有船舶「ロバート・ハンター」（以下「RH号」とする）の活動家がRH号から日新丸に向かって発煙筒や酪酸入りの瓶などを投擲したことにより、日進丸の乗組員が負傷したことがある。このような妨害行為への「刑法」（明治40法律45号）の適用についてはどのように考えたらよいのだろうか。

刑法1条1項は「この法律は、日本国内において罪を犯したすべての者に適用する。」と規定し、刑法の適用範囲を自国領域内とする属地主義を採用している。刑法1条1項の「国内において」の解釈については、犯罪構成要件該当事実の一部でも国内で発生すれば「国内において」にあたるとする解釈が通説判例である（刑法1条1項の解釈については第2章北川論文参照）。

RH号の活動家による酪酸入りの瓶等などの投擲による日新丸乗組員の負傷は、構成要件該当事実の一部（本件では結果発生）が日新丸という日本籍船舶内で発生していることから、刑法1条2項を根拠に刑法を適用することができる。それゆえ、当該活動家の行為が日本国刑法上の犯罪といえるかは、刑法204条の傷害罪や刑法234条の威力業務妨害罪などの構成要件を充足するか否かで決まる。

他方で、刑法を適用した結果の法的評価（犯罪認定や犯罪の疑いの認定など）をふまえた当該活動家の逮捕などの執行管轄権の行使については、当該活動家が公海上の外国籍船舶（RH号は2007年2月9日の初回の妨害行為の時点では英国船籍であった）にとどまる以上、日本政府はRH号を停船させ、日本政府官憲をRH号に移乗させ、当該活動家を逮捕するなどの執行管轄権を行使することはできない。国際法上、公海上の船舶については、当該船舶の旗国が排他的な執行管轄権を有するからである。ただし、当該活動家が日本船籍の調査捕鯨船に自ら乗り込んできたという場合には、日本政府は当該活動家を逮捕するなどの執行管轄権を行使することができる。

なお、日本政府は、2008年8月と同年11月に、2007年に発生した妨害行為のうち、上記(d)の調査捕鯨船のプロペラ絡索を目的としたロープ投入などの行為について、「海洋航行の安全に対する不法な行為の防止に関する条約」（以下「SUA条約」とする）3条1項(c)の「船舶を破壊し、又は船舶若しくはその積荷に対し当該船舶の安全な航行を損なうおそれがある損害を与える行為」にあたると認定し、当該行為についてSUA条約6条1項(a)により裁判権設定義務が生じていることを受けて、刑法4条の2を根拠に刑法を適用し、刑法234条の威力業務妨害罪の容疑で活動家4名（2008年8月に3名、同年11月に1名）の逮捕状の発付を受けた（SUA条約についてはコラム④参照）。

3. 国際法上の海賊行為？

公海上でRH号が日本船籍の調査捕鯨船に対して調査捕鯨に対する抗議という目的のために酪酸入りの瓶や発炎筒などを投擲し、航走中の調査捕鯨船に意図的に衝突するという行為は、「海洋法に関する国際連合条約」(以下「国連海洋法条約」とする) 101条の「海賊行為」にあたるであろうか。

国連海洋法条約101条の海賊行為の定義を要約すると、「公海上の私有船舶の乗員・乗客による他の船舶等に対する私的目的に基づく不法な暴力等の行為」である。国連海洋法条約における海賊行為は、位置(公海上)、主体(私有の船舶の乗員・乗客)、客体(他の船舶)と目的(私的目的)の4つの要件を課せられた不法な暴力や略奪などの行為である(国際法上の海賊行為の各要件の成立過程や解釈については**第7章石井論文**参照)。

本件の妨害行為については、発生地は公海上、主体はSS所有の私有船舶上のSS所属活動家、客体は「他の船舶」である日本船籍の調査捕鯨船であることから、本件妨害行為の海賊行為の認定について問題となるのは、4つの要件のうち、「私的目的」という要件の解釈である。これら4つの要件を充たし、海賊行為の認定を行うことができれば、国連海洋法条約105条に基づき、すべての国は、海賊船舶を拿捕し、海賊行為の実行者を逮捕し、処罰するなどの執行管轄権を行使することができることとなる(国際法上の普遍的管轄権の意義については**第6章玉田論文**参照)。

なお、2008年3月、国際捕鯨委員会(以下「IWC」とする)中間会合は、SSによる日本の調査捕鯨船に対する妨害行為に関連して、海上での人命および財産に危険を及ぼすあらゆる活動を非難し、そのような活動を防止し鎮圧するために協力することを締約国に求める「海上での安全に関する声明」を全会一致で採択した。IWCは2011年以降の年次総会でも同様の決議を採択している。

4. 海賊対処法における海賊行為？

SSによる妨害行為は、「海賊行為の処罰及び海賊行為への対処に関する法律」(平成21年法律55号)(以下「海賊対処法」とする) 2条に規定された「海賊行為」にあたるのだろうか。

海賊対処法2条は、同法における「海賊行為」について、船舶に乗り組みまたは乗船した者が、私的目的で、公海または日本の領海もしくは内水において行う次の7つの行為のいずれかの行為であると規定している。7つの行為とは、①航行中の他の船舶の強取または運航支配、②航行中の他の船舶内の財物の強取等、③航行中の他の船舶内にある者の略取、④航行中の他の船舶内にある者を人質にして行われる第三者への財物の交付等の強要、これら①から④のいずれかの行為を目的として行われる、⑤航行中の他の船舶への進入または損壊、⑥他の船舶への著しい接近等、⑦凶器を準備して船舶を航行させる行為である(海賊対処法における海賊行為の構成要件の解釈については**第1章甲斐論文**参照)。

SSによるこれまでの妨害行為は、上記の⑤と⑥に関係するものの、調査捕鯨船の強取や調査捕鯨船内の財物の強取などを目的とするものではなく、調査捕鯨に対する抗議の意思の表明やそれを物理的に中止させようとするものであることから、傍点を付した要件は充足していないと解される。

なお、この点については、2009年4月23日の衆議院特別委員会における海賊対処法案の審議において、金子一義・国土交通大臣(当時)により、SSの妨害活動は国際法上の海賊行為に該当することについて「世界的理解が得られるのかどうか」をふまえ、海賊対処法における海賊行為からは除外したとする見解が表明されている(『第171回国会 衆議院 海賊行為への対処並びに国際テロリズムの防止及び我が国の協力支援活動等に関する特別委員会議録 第7号』, p.22.)。

【参考文献】 北川佳世子, 2002,「国内犯」『法学教室』第261号, pp.2-3. 鶴田順, 2009,「海賊行為への対処」『法学教室』第345号, pp.2-3. 同, 2010,「尖閣諸島沖中国漁船衝突事件」『法学教室』第363号, pp.2-3.

(鶴田 順)

理解を深めるために
コラム⑥「南極海捕鯨事件」国際司法裁判所判決

1. 南極海捕鯨事件の背景

2014年3月31日、国際司法裁判所（ICJ）により、日本が史上初めて当事国となった南極海捕鯨事件の判決が言い渡された。この裁判にいたる背景は、裁判対象であった「第2期南極海鯨類捕獲調査」（JARPA II）の前身である1987年開始の「南極海鯨類捕獲調査」（JARPA）をめぐる論争にさかのぼる。

JARPAは、当初より、設定された捕獲予定数ではJARPAの研究目標の達成は不可能などと国際捕鯨委員会（IWC）の科学委員会（SC）で批判され、IWC本会議では毎年のように再考・停止勧告決議が採択された。そこでは、JARPAがIWCにとって重要な科学調査ではなく、目標達成には捕獲調査は不要であるなどと指摘された。ここには、調査捕鯨の法的根拠とされる国際捕鯨取締条約（ICRW）8条の許容する科学的研究に個別計画が該当するか否かは、締約国が自由に決定できるものではなく、その調査内容や調査手法には制限があるとする陣営と、基本的に締約国の自由裁量が認められているとして逐語的な法解釈を採用する捕鯨推進国陣営で、8条をめぐる解釈論争があった。

（石井 敦）

2. JARPA IIの概要

JARPA IIは水産庁から日本鯨類研究所に研究委託される形で2005年から開始され、その調査目標は4つ——①鯨類を中心とする南極海生態系のモニタリング、②鯨種間競合モデルと将来の管理目標の設定、③系群構造の時空間的変動の解明、④クロミンククジラ資源の管理方式の改善——であった。鯨種間競合モデルとは、ナンキョクオキアミという共通の餌を食べているクジラ等による「餌の捕り合い」を定量的なモデルで再現することである。系群とは、一定時間内に一定空間で生活する同種の生物個体の集まりである。それらを別々の系群ごとに管理しなければ生物の多様性は保全できない。それゆえ、その構造を調べることは管理の改善につながる。

JARPA IIの調査方法は、主に捕獲による致死的方法であり、捕獲目標数はクロミンククジラ850頭±10%、ザトウクジラ50頭、ナガスクジラ50頭であった。裁判にかかわる重要な致死的調査は、耳垢による年齢測定と、胃内容物調査である。クジラの耳は穴が塞がっているため、捕獲しなければ耳垢を採取できない。鯨は加齢により耳垢の層が増えていくため、これを利用して年齢を測定できると言われている。胃内容物調査は、胃の内容物を直接分析し、何を食べているのか（摂餌生態）を明らかにする調査である。

SCでは、クジラの年齢測定や摂餌生態調査は、クジラの組織片を採集する非致死的なバイオプシー調査で代用できる可能性が指摘されている。この調査方法により、クジラの皮膚サンプルからDNA情報等を得ることで、クジラの年齢、性別判定、遺伝情報の分析、摂餌生態、汚染物質含有量等を知ることができると言われている。これ以外の非致死的調査としては、調査船や飛行機からの目視、写真識別、衛星による標識追跡等がある。

なお、SCがコンセンサスで採択した調査捕鯨レビュー・ガイドライン（現在は附属書P）は、以上の非致死的・致死的方法を比較し、研究目標の達成のために適切な方法を選択すべきことを締約国に求めている。附属書PはICJ判決でも重視されている。（石井 敦）

3. 南極海捕鯨事件の概要とICJ判決の要点

ICRW8条の解釈論争における反捕鯨派の急先鋒であった豪州は、2010年5月、日本を相手取りJARPA IIは同条が規定する「科学的研究のため」の捕鯨に該当しないと認定すること、およびJARPA IIを停止させるよう命令すること等を求め、ICJに提訴した。

豪州は、ICRW8条1項のもとでの調査捕獲が認められるためには、捕獲が科学的かつ科学的研究「のための」ものでなければならないとの解釈を示した。そして、その判断基準として、(1)仮説の存在、(2)手段・方法の適

切さ(致死的調査は他に代替手段がない場合に必要最小限で行うことを含む)、(3)ピアレビューの実施、(4)資源に対する悪影響の回避、の4つを充足すべきことを主張した。しかし豪州によれば、JARPA IIにはオキアミを巡る鯨種間競合以外の仮説が存在せず、サンプル数の算定根拠も合理性を欠き、その捕獲目標頭数が過大であるのみならず、調査の成果に乏しく、前身のJARPAについてのIWCのレビューを経ないまま実施され、必要に応じた調査計画の改善がなく、資源に対する悪影響も否定できないと主張した。加えて、日本国内の鯨肉販売が不調のため捕獲頭数が意図的に削減されており、JARPA IIが商業目的であるのは明らかだと主張した。

これに対して、日本は、捕獲許可の発給は締約国の自由裁量であると主張し、さらにJARPA IIは実際に科学的研究のために実施されており、SCからも高く評価されているのみならず、サンプル数の算定にも合理的な根拠があり、必要最低限に留めていると反駁した。また、捕獲頭数が目標より少ないのはシーシェパードの妨害等によると主張した。

裁判所は、ICRW8条1項は、締約国に特別許可発給要請を拒否あるいは当該許可が付与される場合の条件を特定する裁量権を付与しているが、特別許可に基づく捕獲が科学的研究のためであるか否かは、当該締約国の認識のみに委ねられてはいないと判示した。

捕獲が「科学的」なものか否かについて、ICJは、前述した豪州の主張を退け、裁判所自らが「科学的研究」の定義やその基準を定める必要もないとして、JARPA IIは広い意味で「科学的研究」と特徴づけることができるとした。また、JARPA IIが科学的研究「のため」のものか否かについては、調査計画と実際に行われた調査の種々の要素(致死的調査を用いるに至った決定、致死的調査の規模、サンプル頭数の算定根拠、捕獲計画数と実捕獲との比較、調査計画のタイムフレーム、調査から得られた科学的成果、他の調査機関との連携関係)が、調査計画における研究目標に照らして合理的か否かで判断するという考え方を採用した(「合理性の審査基準(standard of review)」)。そして、上記の審査基準に照らした場合、第1に、JARPA IIは非致死的方法の実現可能性を十分検討しておらず、サンプル数の算定根拠も恣意的で、捕獲数の減少もシーシェパードの妨害だけによるものとは判断することはできず、第2に、科学的成果も査読論文2本と少なく、他の研究機関との連携関係も不十分であるとの認識を示した。以上から、日本が発給したJARPA IIの特別許可は、ICRW付表30項に定める特別許可発給に関する手続的義務には即しているものの(賛成13、反対3)、8条1項に規定する科学的研究「のため」の捕獲には該当せず、ミンククジラ以外の母船式捕鯨モラトリアムを定めた付表10(d)項、商業捕鯨モラトリアムを定めた10(e)項、および南極海サンクチュアリを定めた7(b)に違反していると判示した(以上賛成12、反対4)。そして、日本に対しJARPA IIに関して付与された特別許可を撤回し、今後もJARPA IIに基づく発給を行わないよう命令するとともに、日本が8条のもとで将来許可発給を検討する場合、この判決に含まれる理由付けおよび結論を考慮することが期待されると付言した(本判決には、4名の判事からの反対意見と6名からの個別意見がある)。

(真田 康弘)

4. ICJ判決の評価——判決の特徴とその含意

以上の捕鯨判決は、従来の国際裁判や伝統的な国際法解釈に照らすと以下の特徴がある。第1に、裁判所は豪州の原告適格を否定せず、「ベルギー・セネガル事件」ICJ判決(2010年)に続き、条約遵守による締約国の集団的利益の実現をめざす訴訟を認めた。第2に、ICJはICRWの趣旨・目的を、鯨類資源の保全と持続可能な資源の利用と明示するとともに、ICRWを「進化する文書」とした。これはICRWの柔軟な解釈を支える。第3に、裁判所はICRW8条1項の解釈において合理性の審査基準を採用した。これにより、8条解釈の諸論点(ICRWで8条は例外か、同条が発給国に認める裁量の幅など)を回避した。第4に、ICJは合理性の基準に、コンセ

ンサスで採択された法的拘束力のないIWCの二次的文書（IWC決議（致死的手法の使用は研究目標達成のため必要最小限度でのみ許されると明記）とSCの調査捕鯨レビュー・ガイドライン（附属書P））の内容を反映させ、一般国際法上、国家が負う協力義務を根拠に、ICRWの締約国はこれらコンセンサスで採択された文書を「考慮」しなくてはならないとした。こうして、8条の解釈に条約採択後のIWCの実行を一定程度組み込んだ。第5に、裁判所は司法機関として科学の問題には立ち入らないとしつつも、合理性の審査基準をJARPAIIに適用する際に、実質的に科学の問題に踏み込んだ。研究目標の内容評価を伴わない手続的局面に限ったが、研究目標を解釈し、それと手段・方法、実施の実態及び研究成果との整合性・一貫性を判断した点で、科学の問題に踏み込んでいる。

最後に、JARPAIIは科学的研究「のため」のものでないとの結論に至る際に、裁判所は、研究目標との関連で2つの局面——(1)非致死的手法の利用可能性の検討の有無、(2)研究目標に照らした設定サンプル頭数、調査計画のタイムフレームや他の調査機関との連携関係等の合理性——において、日本による説明の欠如または説明における一貫性の欠如に依拠した。これは、JARPAIIの合理性について日本に「説明責任」を課したかのようである。この点については、伝統的な立証責任の原則に反し立証責任を転換したものとの批判がある。ただし、少なくとも上記(2)については、豪州は裁判の過程で裁判所が設けた審査基準の諸要素にかかる合理性の欠如について「一応の」推定を確立することに成功し、日本はそれを覆せなかったという理解も可能である。しかし、上記(1)については、豪州は検討の欠如の推定根拠を示しておらず、ICJの法的推論を合理的に理解することは難しい。この点について、裁判所の真意は不明である。

判決の法的推論における以上の不明瞭さ、伝統的な法解釈論からの逸脱を、いかにとらえるべきか。これについては、捕鯨事件をめぐる特異な事情（IWCの「機能不全」状況、ICRW締結時以降の科学をめぐる大きな変化（科学研究の一般認識、研究技術の水準）、JARPAに続くJARPAIIの特異性）を考慮した上での多数意見の政策的配慮を想定すると、多少はその「謎」も解けるのではないか。

ここでいう政策的配慮とは、①IWCの機能不全の中心にはICRWの解釈問題（ICRWの趣旨・目的、8条2項の解釈、IWCの二次的文書の法的地位等）があり、JARPAII論争はこれに関わる問題なので、ICJは法の支配を支える機関としてICRWのあるべき法解釈の基準を示すべきこと、②ICRWのもとで鯨類の致死的な科学的利用は、現代科学の一般認識と技術水準に従いかつ透明性の高い（締約国のアカウンタビリティを重視した）形で実施されるべきこと、である。今日、動物の科学研究では一般に、過去数十年間の非致死的な研究技術の飛躍的な進歩を受け、致死的手法の最低限の使用とそのための非致死的手法の利用可能性に関する評価の実施は、倫理的のみならず科学的見地からも当然とされ、標本数が多い場合にはより厳密な評価が必要とされる。また、附属書Pの内容の多くも、今日の科学的研究の一般的要素とされる。ゆえに、20世紀半ば当時の科学を前提とする8条1項の文字通りの文理解釈は、現代の科学の文脈に適合しない結果を招くおそれがある。また、条文改正規定のないICRWを、捕鯨論争で混沌としたIWCで改正するのは容易ではない。捕鯨判決は、こうした「古い」条約をいかにして21世紀の科学の文脈に適合させ解釈・適用するかという難問に、ICJが直面した結果ともいえまいか。

とすれば、次に問われるべきは、IWCの運営を含むICRWの執行、また多国間条約一般の執行において、捕鯨判決がもつ含意如何、である。この点については、下記参考文献に掲げる拙稿を参照されたい。　　（児矢野 マリ）

【参考文献】　石井敦,真田康弘,2015,『クジラコンプレックス：捕鯨裁判の本当の勝者は誰か』（東京書籍）．石井敦編著,2011,『解体新書「捕鯨論争」』（新評論）．児矢野マリ,2014,「国際行政法の観点からみた捕鯨判決の意義」『国際問題』第636号，pp. 43-58.

第9章　民間武装警備員に関する国際的な基準の機能

古谷　健太郎

はじめに

　国際商業会議所国際海事局（IMB）の統計によれば、ソマリア沖における海賊事案は2008年から2009年にかけて19件から80件に増加し、その後も増加傾向が認められた[1]。しかしながら、2012年に入ってから減少する傾向にあり、海賊事案発生件数が49件に減少するとともに[2]、ソマリア欧州連合海軍部隊（以下「EUNAVFOR」とする）の発表によれば2012年7月から9月までの襲撃事案は0件となった[3]。その減少傾向の理由は、配備されている海軍等によるパトロールや海賊に対する取締り、国際海運業界やソマリア沖海賊対策に従事する海軍等により策定されたベスト・マネイジメント・プラクティス（以下「BMP」とする）[4]が推奨する自主警備を励行することにより、航行船舶のセキュリティーが高まったこと、さらに武装した警備員による警備等が挙げられている[5]。

　このうち、武装した警備員を船舶に乗船させて警備を行う手法に関しては、

---

(1) ICC International Maritime Bureau, 2013, *Piracy and Armed Robbery against Ships Report for the Period of 1 January-31 December 2012*, http://www.icc-ccs.org/ (last visited 16 May 2013)

(2) *Ibid.*

(3) EUNAVFOR, 2012, Monthly Piracy Incident Summary 2012, http://www.eunavfor.eu/wp-content/uploads/2012/12/20121231_MonthlyPiracyIncidentSummaryDecember2012_EU-U1.pdf(last visited 25 Feb. 2013).

(4) 日本語版のBMP4は、https://www.piclub.or.jp/J_pub/piracy/pdf/BMP4j.pdf (last visited 25 Feb. 2013)。

(5) Secretary General of the IMO, Opening Speech of the Maritime Safety Committee (MSC), 90th session, 16 to 25 May 2012 (High-level segment on arms on board).

多様な法的問題点が存在する。船舶の武装警備には、軍隊や警察機関等の公的な機関の職員（Vessel Protection Detachment〔以下「VPD」とする〕）が船舶に乗船して行う公的武装警備と民間の警備会社の職員（Privately Contracted Armed Security Personnel〔以下「PCASP」とする〕）が行う民間武装警備に二分される。前者は、たとえば、国連世界食糧計画（WFP）は、ソマリアに対して人道支援物資を船舶で輸送しているが、この船舶に対して、欧州のEUNAVFORに参加する国の海軍をVPDとして派遣している例があげられる（イタリアのVPDに関する制度については、**コラム⑧エンリカ・レクシー号事件**参照）。一般に、船舶所有者や運航者は、軍や警察の厳しい規律や厳格な法令遵守が期待できるVPDを第一選択とする傾向にある[6]。ところが、警備対象船舶の船籍とVPDの所属国が異なる場合は、乗船したVPDの地位や管轄権の問題から政府間の取決めが必要となるため、旗国やVPD派遣国の政策に大きく依存することとなる。また、一般に、VPDの人的リソースが不足していることから、VPDの代替としてPCASPを乗船させて自主警備する船舶が増加している。

他方で、これまでPCASPが行う警備に関する国際条約や国際基準は存在しなかったため、ソマリア沖の海賊多発海域の周辺国などが、その警備の方法や武器の取扱い等に関する懸念を表明した。そこで国際連合の専門機関である国際海事機関（以下「IMO」とする）や、国連安全保障理事会決議1851号で設置されたコンタクトグループ会合（以下「CGPCS」とする）およびその作業部会等において、その国際基準に関する検討が行われてきた。

本章では、IMOで合意されたガイダンス等の議論の概要およびその内容、とりわけ、その武器使用基準を概観し、民間武装警備員に関する制度において、このガイドラインが果たす機能について検討する。

第1節　民間武装警備員の普及とその国際基準制定の背景

BMPの定める危険海域（スエズ湾とホルムズ海峡、南緯10度線および東経78度

---

[6] Macqueen, J., 2011,. Dutch report finds ships need armed guards. *Lloyds List*, [online] 18 Jan. Available at < http://www.lloydslist.com/ll/sector/ship-operations/article354196.ece>. (last visited 18 Jan. 2011)

線によって区切られる海域)[7]を航行する船舶が、PCASPを乗船させる理由としては、第一に、このような船舶が海賊に拘束された事件が報告されていないという実績が挙げられる[8]。海賊の頻発海域はアデン湾から西インド洋におよぶ広大な海域であり、海軍や海上警察機関の艦船により全ての海域の警備を行うことは現実的ではなく[9]、したがって、海賊被害を防ぐためには通航船舶の自主警備を強化する必要がある。そこでBMPの推奨する措置により警備体制の強化を図ってきたが、たとえばタンカー船等、乾舷が低く速力の遅い船舶は、BMPをすべて励行したとしても、依然として危険性が高いと考えられている。このため、船員に武器を持たせて警備体制を強化する案も検討されたが、新たに武器の安全管理を徹底させる必要があること、このため、さらなる船員の訓練が必要となること、また、海賊が船員の武器による抵抗を想定し、一層暴力的になることが予想されたことから、広く支持されなかった。そこで、海賊による襲撃の可能性のある危険な海域を航行する際に、武器の使用に精通した警備員を乗船させて警備を行う手法に期待が寄せられた。さらに、海賊により拘束されるリスクが下がることにより、海上保険料の割引を期待できることも[10]、PCASPの普及に拍車をかけているものと推察される。

　各国の政策も、このようなPCASPの採用を現実的な手段として容認する傾向にある。たとえば、リベリア等の便宜置籍国は、業界の必要性を受け、早くからPCASPの乗船に対して規則を定め容認する政策を打ち出した[11]。西側諸国では米国のように当初から寛容的な国から、日本、英国、フランス、ドイツ等、制度の導入に慎重な国に分かれたものの、後者の各国も寛容的な政策に転換していった。たとえば、英国は2011年の12月にPCASPを許可する方針と

---

(7) *Supra* note 4.
(8) Neylon, R., 2011., Are we facing a piracy arm race? *Lloyds List*, [online] 13 Apr. Available at <http://www.lloydslist.com/ll/sector/ship-operations/article 368225.ece>. (last visited 13 Apr. 2011).
(9) Homan, K. and Susanne K., 2010., Operational Challenges to Counterpiracy Operation off the Coast of Somalia. In: Bibi van Ginkel and Frans-Paul van der Putten (eds.) *The International Response to Somali Piracy*., Leiden and Boston: Martinus Nijhoff. Ch. 4.
(10) Houreld, K., 2008., AP IMPACT: Security firms join Somali piracy fight, *USA Today*, [online] 26 Oct. Available at < http://www.usatoday.com/news/world/ 2008-10-26-2583935117_x.htm>. (last visited 16 May 2013).
(11) MSC89/16/6. Para.6.

し(12)、ドイツでは、さらに、自国の民間武装警備会社の基準を定め、その設置まで許可している(13)。

他方で、PCASPの乗船に際しては多くの懸案も残されている。洋上を航行する船舶は一般に孤立した特殊な環境にあり、船内に武器が存在すること自体が懸念材料となるうえ、第三者がPCASPの船内での活動を規制・監督することは困難である(14)。PCASPの雇用に関する能力基準が不在のままその乗船を認めれば、武器の使用に関する訓練を十分に受けておらず、能力が十分でないばかりか、たんに金銭を目的とした者が乗船する可能性も排除できない(15)。

また、PCASPの制度に関する国際的な基準が不在のまま各国が独自の政策・立法を行えば、海運業界は混乱に陥りかねない。そもそも国際航海を行う船舶には、寄港地や航行する海域により旗国のほか寄港国や沿岸国等、複数の国の管轄権がおよぶことから、その基準は国際的に共通していることが望ましい(16)。とりわけ、武器の管理や使用に関し、事故や事案が発生した場合には、いかなる国のどのような法令が適用されるのか問題となることが予想され、武器の選択、射撃の方法等に関して、国際的に合意された基準が不在であれば、合法的な使用基準が曖昧となり、法的・実務的な問題となるばかりか、海賊による暴力行為をより増長させることにもなりかねない。

このような背景のもと、IMOにおいてPCASPに関する法的拘束力を有さないガイドライン等を定める機運が高まった。このガイドラインは、いわゆる「ソフトロー」であり、国際組織において実務的な政策指針として作成される文書であり、一般に勧告的効力しか有さない(17)。一方、法的拘束力を有する

---

(12) Warrell, H. and R. Wright, 2011, Armed guards on UK vessels to counter piracy, *Financial Times* [online] October 30. Available at <http://www.ft.com/cms/s/0/eacd1ad4-0313-11e1-899a-00144feabdc0.html#axzz26S248bM4>(last visited 16 May 2013).

(13) ドイツの民間武装警備員については http://www.deutsche-flagge.de/en/safety-and-security/piracysecurity-levels-warning-notes/englisch-private-bewaffnete-sicherheitskrafte (last visited 16, Jul. 2015).

(14) Kraska, J. and Brian W., 2009, "Piracy Repression, Partnering and the Law", *Jouranal of Maritime Law & Commerce* 40(1), pp.43-58.

(15) Toomse, R.,2009,"Piracy in Gulf of Aden: Considering the Effects of Private Protection Teams", *Basic Security & Defence Review.* 11(2), pp169-185.

(16) IMO, Report of the Maritime Safety Committee on its 86th session. MSC86/26, 2009.

(17) ソフトローの歴史的展開について研究したものとして、齋藤 2005, pp.106-113.

条約などと比較して、関係国間で合意に至りやすいことや、文書の作成や修正に要する期間が短いという特徴を持つ。

　IMOは従来から船舶に武器を搭載すること、および自主警備のために武器を使うことに対して否定的な見解であった[18]。したがって、PCASPに関する考え方も、船舶所有者や運航者と旗国が、よく協議したうえで、それぞれ判断する事項であるとの立場を一貫している。ところが実際には、広くPCASPによる警備が実施されていることから、船舶所有者や海上警備会社をはじめとする関係者および締約国に対する暫定的な最小限の国際基準を早急に策定することが支持されたのである。

第2節　IMOで採択されたPCASPに関する勧告およびガイドライン

1　「海賊及び武装強盗の抑止及び制圧に関する政府に対する勧告」[19]および「海賊及び武装強盗の抑止及び制圧に関する船舶所有者、運航者、船長及び乗組員に対するガイダンス」[20]

　ソマリア沖海賊事案の増加を受けて、2007年11月のIMO総会において、海賊対策にかかるIMO勧告やガイダンスの見直しを求める決議が採択された[21]。これを受けて、包括的な海賊対策にかかる回章である「海賊及び武装強盗の制圧に関する政府に対する勧告」[22]および「海賊及び武装強盗の抑止及び制圧に関する船舶所有者、運航者、船長及び乗組員に対するガイダンス」[23]の全面的な見直し作業が開始され、2009年6月の第86回海上安全委員会において改正案が合意された。

---

(18)　*Supra* note 16.
(19)　MSC.1/Circ.1333 (2009.6.26) , "Recommendations to Governments for preventing and suppressing acts of piracy and armed robbery against ships".
(20)　MSC.1/Circ.1334 (2009.6.26), "Guidance to shipowners and ship operators, shipmasters and crews on preventing and suppressing acts of piracy and armed robbery against ships".
(21)　A25/Res.1002 (2007.12.6), Piracy and Armed Robbery against Ships in Waters off the Coast of Somalia. para.10.
(22)　MSC/Circ.622/ Rev.1 (1999.6.16), "Recommendations to Governments for preventing and suppressing acts of piracy and armed robbery against ships".
(23)　MSC.1/Circ.623/Rev.3 (2002.5.29), "Guidance to shipowners and ship operators, shipmasters and crews on preventing and suppressing acts of piracy and armed robbery against ships".

まず、締約国政府に対する勧告では、PCASPの乗船、とりわけ武器の使用により海賊の暴力行為を増長させるおそれがあることを強調したうえで、PCASPの乗船や武器の管理については、旗国の法制に基づくものとし、その採用の許可については、関係者と旗国が十分な協議を行ったうえで旗国が決定するべきものとした。

次に、船舶所有者、船舶運航者および船長等に対するガイダンスでは、PCASPの乗船に関しては、旗国と協議したうえで決定し、旗国の法令のほか寄港国や沿岸国の適用される法令に従うべきこと、とりわけ武器を船内に所持する船舶が寄港し、または領海を航行する場合は、それぞれ寄港国、沿岸国の管轄権が及ぶことに言及し、PCASPの乗船は、これら関連国の法令・法的要件を全て満たすことが条件となることを指摘している。

2 「ハイリスクエリアにおける船上での民間武装警備員の使用に関する船舶所有者、運航者、船長に対する改訂暫定ガイダンス」[24]

このガイダンスは、民間武装警備員の普及を受けて、その具体的な指針として、2011年5月に開催された第89回海上安全委員会で採択され、その後、続けて2回にわたり改正が行われた。まず委員会では、船長の権限とPCASP員の指揮・監督について詳細な議論が行われた。たとえば、船長は船内の意思決定に関して最高の権限をもっているが、船長が避難室（citadel）に入り、船内外の状況を把握できない場合において、PCASPに対する指揮命令権をいかにすべきか、とりわけ武器の使用に関する決定権や事故が発生した場合の刑事・民事責任のあり方についての議論が行われた。この議論を反映してガイダンスにおいては、いかなる状況であっても、船長の権限は不変であることが確認され、このような場合に備えて契約時に明確な取決めを定めておくことが推奨された。また、民間海上警備会社の選定に際しては、乗船する警備員の規模、構成、装備、指揮・管理系統に関すること、乗船中の武器弾薬の管理、武器の使用、報告に関すること、船長・船員の訓練および習熟度に関することについて検討を行うことが推奨された。

---

(24) MSC.1/Circ.1405/Rev.2 (2012.5.25), "Revised interim guidance to shipowners, ship operators, and shipmasters on the use of privately contracted armed security Personnel on board ships in the High Risk Area".

次に、2011年9月13日から臨時に開催された海上保安・海賊対策作業部会において、乗船するPCASPの人数や警備に適切な武器の種類および数量に関すること等の検討項目が追加され、2012年5月に開催された第90回海上安全委員会では、重大犯罪を防止するため、民間人が人に対して危害を与えるおそれのある武器使用を認めていない国があることから、人に対する武器の使用を正当防衛に限ることを推奨することとした。

3 「ハイリスクエリアにおける船上での民間武装警備員の使用に関する旗国に対する改訂暫定勧告」[25]

この勧告は船主等に対するガイダンスと同様に、第89回海上安全委員会において採択され、その後続けて2回の改正が行われた。この回章では、PCASPの乗船による警備を追認しないというIMOの立場に言及したうえで、旗国としてPCASPに関する政策を検討する際の項目について定めている。すなわち、第一段階として、武器の使用を伴う民間人による警備が国内法制上認められる行為であるか、また、PCASPの乗船が適当な措置であるかを検討することを求めている。そのうえで、第二段階として、PCASPが遵守すべき事項、海上警備会社およびPCASPの承認手続き、ならびに船主等に許可を与える手続き等を定めることを求めている。

4 「ハイリスクエリアにおける船上での民間武装警備員の使用に関する寄港国及び沿岸国に対する暫定勧告」[26]

PCASPが乗船している船舶が沿岸国の領海を航行すれば、その沿岸国の、また寄港すれば、その寄港国の管轄権が及ぶ。

そこで、第89回海上安全委員会において、BMPの定めるハイリスクエリアの周辺国が、PCASPの上下船、武器の荷役および船内での保管に際して、各国の定める武器の輸出入や出入国管理等、関連法令の遵守に関する懸念および、船舶に存在する武器がもたらす保安上の懸念を強く表明した。たとえば、エジ

---

(25) MSC.1/Circ.1406/Rev.2 (2012.5.25), "Revised interim recommendations for flag States regarding the use of privately contracted armed security personnel on board ships in the High Risk Area".

(26) MSC.1/Circ.1408 (2011.9.16), "Interim recommendations for port and coastal States regarding the use of privately contracted armed security personnel on board ships in the High Risk Area".

プトは内水であるスエズ運河を通過する船舶に対して、保安上の観点から武器の所持を規制する趣旨の発言を繰返し強調しており[27]、またアフリカ諸国、とりわけ南アフリカにおいては、同国に登録されていない武器を船内に所持することは、国内法に違反するとして、船長が逮捕される事件も発生している[28]。そこで委員会は、船舶所有者や運航者に対して適用される法令等を周知するため、これら周辺国の制度や政策を公表することを求めたうえで、各国が行う法令の励行等、国際法上の権利を妨げるものではないことを改めて強調する勧告を回章することとした。

5 「ハイリスクエリアにおける船上での民間武装警備員を供給する民間海上警備会社に対する暫定ガイダンス」[29]

2012年の第90回海上安全委員会に先立つ高官会合の中で、IMOにおいて、締約国や海運業会のみならず、民間海上警備会社に関するガイダンスを作成することが広く支持されたことから[30]、同委員会は、既にCGPCS第3作業部会（海運業界の意識・能力向上およびBMP関連作業部会）において作成されていたガイダンス案を基に議論を行った。

まずガイダンスの検討にあたっては、陸上の民間軍事・警備会社に対する関連文書が参考とされた。アフガニスタンやイラク等の紛争地域において要人保護や建築物等の警備を実施する民間軍事・警備会社については、「武力紛争における民間軍事・警備会社の活動に関連する関係国の国際法的義務及び推奨慣行についてのモントルー文書」[31]および「民間武装警備会社のための国際行

---

(27) たとえば Contact Group on Piracy off the Coast of Somalia Report of Working Group 3, MSC 89/INF.16 16 March 2011 para.6.6 and 10.4 など。

(28) Gavin van Marle, 2011, South African gun crackdown threatens anti-piracy efforts, *Lloyds List,* 17 February, http://www.lloydslist.com/ll/sector/ship-operations/article356466.ece (last visited 16 May 2013).

(29) MSC.1/Circ.1443 (2012.5.25), Interim guidance to private maritime security companies providing privately contracted armed security personnel on board ships in the High Risk Area.

(30) IMO, MSC90/28 Report of the Maritime Safety Committee on Its Ninetieth Session. para.20.23, 2012.

(31) Montreux Document on Pertinent International Legal Obligations and Good Practices for States related to Operations of Private Military and Security Companies during Armed Conflict, Adopted in 2008 at Montreux, Switzerland.

動指針」[32]により国際的な基準が策定されている。PCASPも民間人による武器を使用した警備を行うという点において類似していることから、これら文書内容が参照されたのである。ところが、モントルー文書は紛争地域における武装警備を念頭に作成されており、一般に海賊対策としては適用されない国際人道法を引用していること、また国際行動指針は民間軍事・警備会社業界の自主規制であるがIMOにおいては、民間海上警備会社の規制のあり方として、この自主規制が支持されなかったことから、これらの文書をそのまま引用することは支持されなかった[33]。そこで陸上の民間軍事・警備会社の国際基準を参考にしつつ、独自に民間海上警備会社の構成や資本等の一般的事項のほか、船舶の航行に伴い旗国のほか沿岸国や寄港国と管轄権が競合する海上の特殊な法制度の理解、事故に対する賠償責任保険、海上での実務経験等の実働能力に関することなどを、海上における民間武装警備会社の基準とすること、また武器を使用した事案が発生した際には、船主等に対して報告書を提出することを求めるガイダンス案が回章として取りまとめられた。とくに民間海上警備会社は比較的資本規模が小さい会社が多く、事故発生時の十分な被害者救済措置に懸念があることが指摘されたことから、PCASPの個人に対する保険のほか、民間海上警備会社（法人）に対する賠償責任保険や事業者保険に加入する必要性が強調された。

第3節　PCASPの武器使用に関する一考察——国際法の観点から

　第2節5で紹介した民間海上警備会社に関する暫定ガイダンスの策定にあたり、最も注意深く検討されたのが武器使用に関する基準についてであった。PCASPは武器の使用を含む手段により海賊船舶の襲撃から自船を警備することが求められているが、国際法上、民間人による船上での武器の使用に関する基準は存在しなかった。そこでIMOのガイダンスの素案を作成したCGPCS第3作業部会は、国際法を踏まえた武器の使用に関する基準を考慮する必要が

---

(32)　International Code of Conduct for Private Security Service Providers, Drafted and concluded in 2010.

(33)　*Supra* note 30, para.20.58.

あると判断し、海賊対策にかかる法的枠組みの強化を議論するCGPCS第2作業部会に対して、その基準の検討を要請した。ところで、国際法上の武器使用（use of force）に関する原則は、武力紛争時に適用される国際人道法に基づく武力の行使と、平時における執行管轄権の行使に伴う実力の行使に分けられるが[34]、民間海上警備会社に関する暫定ガイダンスにおいてどのような原則が採用されたのか検証する。

　まず、PCASPが致死的な武器の使用を含む、武力の行使に該当するような武器の使用を行うことは不適当であろう。国連安全保障理事会決議1816号は、ソマリア沖の海賊がソマリアの情勢を悪化させ、その結果、当該地域の国際平和と安全に対する脅威となっていることを認識し、国連加盟国に対して、国連憲章第7章の下に「あらゆる必要な措置を講ずること」を決定している[35]。この表現は武力の行使を許す際に用いられる表現であるが、同決議においては、同時に、「関連する国際法のもとで、海賊行為に対して公海上で実施できる行動に従い」という制限が課されており[36]、そのまま武力の行使を許すものではない。なお、国連安全保障理事会決議1851号以降は、「あらゆる必要な措置」を講ずる場所的制限がソマリア国内に拡大され、国際人道法が参照された[37]。しかしながら、そもそも海賊行為は、国際人道法が適用される国際武力紛争や非国際武力紛争には該当せず[38]、海賊やPCASPは武力の行使が許される「戦闘員」とは定義されないため[39]、海賊対処のために洋上において国際人道法が適用される事態は想定されない。

　次に執行管轄権の行使に伴う実力の行使について検討すると、まず、国連海洋法条約は、海賊に関して普遍的管轄権を定めるものの（105条）、同条約の規

---

(34) Kwast, P. J., 2008, Maritime Law Enforcement and the Use of Force: Reflections on the Categorisation of Forcible Action at Sea in the Light of the Guyana/Suriname Award, Journal of Conflict & Security Law, (13) 1, pp. 49-91.
(35) UNSCR1816.
(36) *Ibid.* para.7(b).
(37) UNSCR1851. para.6.
(38) Guilfoyle, D., 2010.,"The Laws of War and the Fight against Somali Piracy", *Melbourne Journal of International Law,* 11, pp.1-12.
(39) たとえば1949年のジュネーブ第三条約（捕虜待遇条約）4条1項から3項および6項ならびに同第一追加議定書43条1項および2項。

定に従って権利を行使する際には、国連憲章に反する武力による威嚇または武力の行使を慎むことが義務づけられている（301条）ほか、執行管轄権を行使する際の武器の使用について明言していない。この点、国際裁判では先例として、1929年に発生し米国と英国が争ったアイム・アローン号事件[40]、1961年に発生し英国とデンマークが争ったレッドクルセイダー号事件[41]、1997年に発生しセントビンセントおよびグレナディーン諸島とギニアが争ったサイガ号事件[42]があげられる。これらの判例から、国家が管轄権を執行する際に、その実効性を担保するための武器使用は、まず、できるだけ避けるものとされ、その使用が必要不可欠な場合においては、人命に対する配慮を行ったうえで必要最小限にとどめること、という原則が導きだされている。この原則は、国際条約や勧告にも反映されており、たとえば、1995年の複数の水域にまたがる魚類および高度回遊性魚類資源に関する国連協定（22条1（f））[43]、2005年の海洋航行不法行為防止条約改定議定書（いわゆる改正SUA条約）（8条の2（9））[44]や、1997年の法執行官の行動規範[45]、1990年の法執行官による実力及び火器の使用に関する基本原則[46]においても謳われており、海上において執行管轄権を行使する際の実力の行使に関する国際上の一般原則として受け入れられている。陸上における武装警備員に関しても、同様の趣旨が国際行動指針[47]の中で謳われており、まず、紛争地帯における国際人道法の遵守が求められたうえで（パラ4）、武器の使用に関しては、必要不可欠な場合において、必要最小限の使用を認めている（パラ29-32）。

---

(40) SS I'm Alone (Canada v. U.S.) (1933) 3 RIIA 1609.
(41) The Red Crusader (Denmark v. U.K.) (1962) 35 ILR 485.
(42) M/V Saiga (No 2) (Saint Vincent and Grenadines v Guinea) (Judgment) (1999) 38ILM1323,1355.
(43) Agreement For The Implementation of The Provisions of the United Nations Convention on the Law of the Sea of 10 December 1982 Relating to the Conservation and Management of Straddling Fish Stocks and Highly Migratory Fish Stocks, 1995.
(44) 2005 Protocol to the Convention for the Suppression of Unlawful Acts Against the Safety of Maritime Navigation, 1988.
(45) Code of Conduct for Law Enforcement Officials adopted by General Assembly Resolution 34/169 of 17 December 1979
(46) Basic Principles on the Use of Force and Firearms by Law Enforcement Officials. Adopted by the Eighth United Nations Congress on the Prevention of Crime and the Treatment of Offenders in Havana, Cuba, 27 August to 7 September 1990.
(47) *Supra* note 32.

ところでPCASPの武器の使用の目的は、自ら乗り込む船舶が海賊により襲撃されることを防ぐため、海賊船の接近を最小限の無形力・有形力を行使することにより妨げることにあり、この目的を達成するうえで最小限度の武器の使用が許されるのである。したがって、IMOのガイダンスにおいても、PCASPによる武器の使用に関しては、適用される法令を遵守すること、および武器の使用をできるだけ避けることを求めたうえで、必要に応じた最小限の武器の使用を認め、さらに人に対する使用は、自己または他人の正当防衛が成立する場合に限定している。たとえば、接近してくる海賊船に対しては、その接近を断念させるための海面に対する射撃は許されるが、正当防衛が成立する状況を除き、人に対する射撃を行うことは許容されない。この意味において、この射撃は、海賊船が自船へ接近することを拒否するという意思表示としての——信号弾のような——使用法に限定しているのである。

なお、国連海洋法条約は管轄権の行使が乱用されることを防ぐため、海賊の取締りを海軍の艦艇もしくは政府に所属する船舶で専ら公務に携わる船舶に限定しており（107条）、民間人であるPCASPが海賊取り締まりを行うことは許されない。このことは海賊に襲撃された自船の正当防衛に基づく反撃を妨げるものではないが[48]、PCASPが積極的に海賊を探し求めて制圧するような行為は許されない。

おわりに——民間海上警備会社に関するガイドラインの機能

先に述べたとおり、すでにPCASPによる警備が拡大しつつあり、早急に関係国間で受け入れ可能な国際的合意が必要であったことから、民間海上警備会社に関するガイドラインは、法的拘束力は有さないものの、より迅速な対応が可能となる回章（ソフトロー）で定めることとなった。さらに、船舶の警備のため武器を所持し使用することの重大性にかんがみ、このガイドラインを単なる「基準」としてではなく、実質的な「機能」を持たせることが検討されたの

---

(48) ILC, Report to the General Assembly. *Yearbook of the International Law Commission*, vol. II., 1956, p.283.

である。ところでソフトローの中には、それ自身は法的拘束力を有さないが、ほかの法的拘束力を有する条約などの参照規定により条約に取り込まれたり、行政上の基準として各国が独自に採用することにより、実質的に拘束力を有する文書がある。たとえば、法的拘束力を有しないIMOの決議（ソフトロー）である「危険化学品のばら積み運送のための船舶構造及び設備に関する国際規則」（いわゆるIBCコード）は、法的拘束力を有する「1973年の船舶による汚染の防止のための国際条約に関する1978年の議定書」（MARPOL73/78条約）の参照規定によって取り込まれることにより、実質的な拘束力をもつ。また、国際船級協会（IACS）の船舶の検査や構造に関する技術的な基準などは、法的拘束力を有する条約などによる参照がなくとも、船舶に付保する保険料率や、それに伴う運航会社などの格付けなど経済的利益に相当の影響を及ぼすことから、結果として基準の遵守を誘引する力を持つのである[49]。

　PCASPに関するガイドラインに関しては、法的拘束力を有する文書による参照はないが、国際基準化とその認証手続きに加え保険市場の導入により、ガイドラインを遵守しない限り、実質的に参入できない制度を導入し基準の遵守を促している。すなわち、まずIMOの要請により、国際標準機構（ISO）において、ガイドラインの内容をもとに詳細な基準を作成し、この基準を用いて、第三者である認証機関が認証作業を行う方法が採用されている。ISOの基準は、その公的な場において関係者の合意により策定されていることから国際的に広く支持されており、また、第三者である認証機関において認定作業を行うことにより、公正な認可のメカニズムを担保している[50]。したがって、IMOのガイドラインを遵守しない限りは、ISOの認証を得ることができないのである。さらに、IMOのガイドラインは民間海上警備会社に対して保険に加入することを求めているが、保険会社はISOの認証を受けているかという事実に加え、保険を引き受ける際に、対象の会社の業務実施能力に関する定量的なリスク評価を行い、その結果に基づき保険の引受けの可否や保険料率を算定する。ここ

---

(49)　西本・奥脇 2008, pp.59-85.
(50)　公正な認可のメカニズムを担保することの意義に関しては、Cockyane, J. *et.al.*, 2009, *Beyond Market Forces: Regulating the Global Security Industry.* New York: International Peace Institute.

で安全に業務を実施する能力が十分であると評価されない海上警備会社は、たとえ認証機関による形式的な認証があったとしてもリスクが高いと評価され、保険が高額となるか、そもそも保険に加入ができない事態となり、PCASPの派遣が困難となる。すなわち認定団体の認証に加え、保険業界によるリスクの定量的な確認という二重のメカニズムが存在し、能力が十分でない海上警備会社は市場に参入できない制度となっている。

　日本政府は、普遍的管轄権に基づき、船籍や国籍を問わず海賊行為を抑止し、海賊の取締り・処罰を定めるため、2009年に海賊対処法を制定し、自衛隊や海上保安庁により他国の軍や海上保安機関と連携して海賊が多発するソマリア沖・アデン湾付近を航行する船舶の警備活動を実施してきた。しかしながら、このような海賊対策も、海賊行為が多発する広大な海域においては十分な対策とはならず、旗国として、さらなる日本籍船舶の警備強化の必要性が指摘されたのである。そして、IMOにおいて、民間武装警備員に関連する勧告やガイダンスが採択されると、日本船舶の警備体制の強化のため、一定の要件のもとに海賊多発海域において、武器の取扱いに精通した民間の警備員が小銃等の武器を用いて警備を実施することを容認する「海賊多発海域における日本船舶の警備に関する特別措置法」（平成25年法律75号）が制定、施行された（**コラム⑦ 海賊多発海域における日本船舶の警備に関する特別措置法**参照）。

主要参考文献

木原正樹, 2011,「ソマリア沖海賊対策としての「あらゆる必要な手段」の授権決議」『神戸学院法学』第 40 巻第 3・4 号, pp.319-342.
齋藤民徒, 2005,「「ソフト・ロー」論の系譜」『法律時報』第 77 巻 8 号, pp.106-113.
瀬田真, 2012,「民間海上警備会社（PMSC）に対する規制とその課題」『海事交通研究』第 61 集, pp.23-32.
西本健太郎・奥脇直也, 2008,「海洋秩序の維持におけるソフトローの機能」中山信弘代表編集『国際社会とソフトロー』（有斐閣）, pp.59-85.
Bahar, M., 2007, "Attaining Optimal Deterrence at Sea A Legal and Strategic Theory for Naval Anti-Piracy Operations", *Vanderblit Journal of Transnational Law,* (40) 1, pp.1-85.
Geib, R and Anna P. ,2011, *Piracy and Armed Robbery at Sea,* New York, Oxford University Press.
Harrelson, J. , 2010, "Blackbeard Meets Blackwater: An Analysis of International Conventions that Address Piracy and the Use of Private Security Companies to Protect the Shipping Industry", *American University International Law Review,* 25, pp.283-312.
Homan, K. and Susanne K., 2010, "Operational Challenges to Counterpiracy Operation off the Coast of Somalia", in Bibi van Ginkel and Frans-Paul van der Putten, (eds.) 2010. *The International Response to Somali Piracy.* Leiden and Boston: Martinus Nijhoff. Ch. 4.
Guilfoyle, D., 2010, Counter-Piracy Law Enforcement and Human Rights. *International and Comparative Law Quarterly,* 59(1), p.141-169.
Kraska, J. and Brian W., 2009, "Piracy Repression, Partnering and the Law", *Jouranal of Maritime Law & Commerce,* 40(1), pp.43-58.
Mineau, M., 2010, "Pirates, Blackwater And Maritime Security: The Rise of Private Navies in Response to Modern Piracy",*The Journal of International Business and Law,* 63(9), pp.63-78
Passman, M., 2008, "Protections Afforded to Captured Pirates Under the Law of War and International Law", *Tulane Maritime Law Journal,* 33(1), pp.1-40.
Spearin, C., 2010, "A Private Security Solution to Somali Piracy?", *Naval War College Review.* 63(4), pp.56-71
Toomse, R., 2009, "Piracy in Gulf of Aden: Considering the Effects of Private Protection Teams", *Basic Security & Defence Review.* 11(2), pp169-185.
Treves, T., 2009, "Piracy, Law of the Sea, and Use of Force: Developments off the Coast of Somalia", *European Journal of International Law,* (20)2, pp.399-414.

理解を深めるために
コラム⑦ 海賊多発海域における日本船舶の警備に関する特別措置法

　ソマリア沖海賊問題の深刻化を受け、日本や欧米諸国は、アデン湾などに海軍を派遣し海賊の取締りを開始する一方、国際海事業界は、船舶の警備体制の強化に関する独自のガイドラインを策定しその実施を推奨した。さらに、小銃などで武装した民間の警備員の乗船が海賊による襲撃防止に効果的であることが明らかとなると、民間武装警備員による警備が急速に普及した。このような背景のもと、日本の海運業界は、日本籍船舶への公的武装警備員を乗船させる制度の創設を政府に対して要請し（たとえば、2011年10月17日付け日本船主協会会長による国土交通大臣宛ての要望書）、政府内で検討が開始された。

　日本において、小銃は、社会秩序に脅威を与える恐れのある殺傷力の強い銃器として、「銃砲刀剣類所持等取締法」（昭和33年法律6号）（以下「銃刀法」とする）に基づき、その所持が基本的に禁じられている。このため、法令に基づき職務のため所持する場合や狩猟などのため許可を受けた場合のほか、たとえ警備や護身を目的とする場合であっても小銃の所持は禁止されており、このような銃刀法の規制は、刑法1条2項に基づき日本籍船舶にも及ぶ（刑法の適用範囲については**第2章北川論文参照**）。

　そこで、まず、現行法制度の枠内で日本籍船舶に海上保安官や自衛官を乗船させる公的武装警備の制度について政府内で検討したが、個別的・具体的な危険の存在に欠けることなどから、限られた勢力で広範な警察活動の実施は困難であるとの結論に至った。その後、民間武装警備員の制度に関しては、船舶への武器の搭載に関して否定的であった国際海事機関のスタンスが変更され、民間武装警備員に関するガイダンスが採択されたことを契機に（**第9章古谷論文参照**）、イギリスなど先進主要国においても民間武装警備員の制度が相次いで定められ、国際的に容認の方向へと変化した。ここで日本籍船舶に民間武装警備員の乗船を認めなければ、警備体制が相対的に脆弱であると評価され、海賊に襲撃される可能性が高くなることも指摘された。このような政治的背景のもとに「海賊多発海域における日本船舶の警備に関する特別措置法」（平成25年法律75号）（以下「特措法」とする）が成立した。

　特措法の対象は、海賊行為が多発する海域において、原油など日本にとって必要不可欠な物資を輸送する日本籍船舶で、海面から甲板までの高さが低く、速度が遅いなど海賊行為の対象とされやすいタンカーなどのうち、有刺線や避難設備など海賊被害を低減する措置を講じたものに限定された。また、民間武装警備員による警備は、国土交通大臣が定めた「特定警備実施要領」に則り、船舶ごとに「特定警備計画」を作成し、国土交通大臣の認定を受けること、さらに、その実施に際しては、航海ごとに配乗する警備員の要件の確認を受けることなどが定められている。

　小銃の所持に関しては、特措法に基づく所持として銃刀法の特例（銃刀法3条1項1号）として扱われ、その使用に関しては、刑法（明治40年法律45号）35条の「法令または正当な業務による行為」として違法性が阻却される。また、小銃の段階的な使用方法が具体的に定められており、海賊行為を行うため、著しく近接する船舶に対しては、まず、拡声器などにより警告を行うほか、合理的に必要な場合は、小銃の所持を顕示し、小銃を構える。これらの警告を無視して接近する場合は、上空もしくは付近海面に向けた発射が許され（特措法15条4項）、さらに接近し、乗船者の身体や生命の危険が増大したときには、合理的に必要な範囲で船体へ向けた小銃の使用が許される（同15条6項）。なお、人に危害を与えるおそれのある射撃は、海賊がまさに自船に侵入しようとする場合や自船や乗組員に対して銃撃するなど急迫不正な侵害がある場合などに限られる（同15条7項）。

（古谷 健太郎）

理解を深めるために
コラム⑧ エンリカ・レクシー号事件

1. 事件の発生

2012年2月、イタリア籍のタンカー「エンリカ・レクシー号（Enrica Lexie）」は、シンガポールからジブチに向けケララ沿岸からおよそ20カイリの地点を航行していた。航行中の水域が海賊行為の多発する危険水域であったため、同船には、2011年イタリア法130号に基づき派遣されたイタリア海軍所属の公的武装警備員（Vessel Protection Detachment、以下「VPD」とする）が乗船していた。2月15日、VPDはエンリカ・レクシー号に近接してきたインド籍の漁船セイント・アンソニー号を海賊船舶と誤って射撃し、その結果、アラビア海で活動していた2人のインド人漁師が亡くなった。事件後、インドの沿岸警備隊は、エンリカ・レクシー号にコーチ港へと進路を向けるよう要請した。船長は船主との協議後、沿岸警備隊の指示に従うこととした。

なお、2011年イタリア法130号によれば、イタリア防衛省はイタリア船主協会と協定を締結し、危険水域を航行するイタリア籍船にVPDを派遣することができる。VPDは軍人としての地位を有し、イタリア防衛省の定める活動規則等に従う。海賊行為への対処活動については、VPDの指揮官が排他的に責任を負うものの、VPDが乗船する船舶それ自体の運航は船長にゆだねられている。また、人件費を含む、VPDの派遣に伴う費用は、船主協会より支払われる。

2. インドでの手続き

2月17日、インド当局はエンリカ・レクシー号に対し港にとどまるよう命令した。19日、武装したインド当局の人員がエンリカ・レクシー号に乗船し、射撃の責任を負うとされた2人のイタリア海軍兵士マッシミリアーノ・ラトーレ（Massimiliano Latorre）氏およびサルバトーレ・ジローネ（Salvatore Girone）氏を逮捕し、VPDの保有していた銃器を押収した。このような手続き・捜査は、イタリア領事館の職員も立ち会いのもとで行われた。逮捕された2人の刑事手続きがケララの高等裁判所で行われることとなったため、イタリア政府は2人の解放をめぐり、次の2つを行った。第1に、仮釈放の申請である。パスポートは押収されたものの、保釈金の支払いの後、2人の仮釈放は認められた。第2に、①海軍兵士が機能的免除を有すること、および②公海上の船舶衝突事案に関する刑事管轄権について規定した「海洋法に関する国際連合条約」（以下「国連海洋法条約」とする）97条に基づき、エンリカ・レクシー号で発生した事件についてはイタリアが排他的管轄権を有することを主たる理由に、インド裁判所の管轄権について異議を唱えた。しかしながら、この異議は、2012年5月29日、ケララ高裁により却下された。同高裁によれば、①海軍兵士が乗船していたのは商船であり、公目的のためではなく船主のために勤務していたことから機能的免除は認められず、また、②事件は公海上ではなくインドの接続水域で発生したため、沿岸国たるインドの管轄権が認められる。

このような管轄権に対する異議とは別に、インドによる管轄権の行使がインド憲法等に違反するとの申し立てをイタリアが行ったところ、インド最高裁判所も、2013年1月18日にインドの司法管轄権を認める判決を下した。基本的にはケララ高裁と軌を一にしつつも、最高裁判所は、免除の不存在については、免除を規定する地位協定（Status of Forces Agreement）が締結されていないことに言及するなど、若干異なる理由づけも行っている。同判決においては、このように国家としてのインドの司法管轄権を認める一方で、事件が接続水域で発生したことを理由に、同事件については、ケララ州ではなく、インド連邦の裁判所が管轄権を有するとしている。そのため、新たに特別裁判所をデリーに設置し、同裁判所の下で審理を行うため、2人の被告人をデリーへと移送することを命じた。

3. 2人の処遇をめぐる外交取引

このように、インド国内法のもとでの被告人らの刑事手続きが進行する中、2013年2月23日、2人の被告人は特別帰国許可を、インド最高裁判所から得た。同許可は、在インドイタリア大使が宣誓供述を行うことによって得られた許可で、両被告人がイタリア議会の総選挙に投票するためのものであった。そうであるにもかかわらず、同年3月11日に、イタリア外務省が、インドによる刑事管轄権の行使が免除の原則に違反すること、および、事件を国際仲裁手続きに付託する可能性があることを理由に、両被告人をインドへ返還しないと言明した。これに対して、インド政府は、イタリア大使を召還し、イタリア政府の見解を受け入れることはできず、イタリア政府は両人の返還について義務を負っていると伝えた。3月14日には、インドの司法長官（Attorney General）がこの問題に関する宣誓供述書をインド最高裁判所に提出し、審理がなされた。インド最高裁判所は、自国の管轄権を確認したうえで、次回審理が行われる4月2日までイタリア大使がインドより出国することを禁止した。このようなインドの対応を受け、特別許可の期限が切れる前日の3月21日に、イタリア政府は方針を変更し、当初の予定通り両被告人をインドへと返還することとした。イタリアが当初の約束を破ろうとしたことに原因があるとはいえ、大使という、外交関係条約上、特別の地位が与えられる個人の移動を制限するような裁判所の決定については批判も少なくない。

4. 国際司法手続き

その後、彼らの処遇をめぐっては小康状態にあった両国であるが、2015年6月26日に、イタリアは、同事件を国連海洋法条約附属書VIIに規定される仲裁裁判所に付託した。同裁判所は、国連海洋法条約の解釈・適用に関する紛争解決手続を行う司法機関の一つであり（同条約287条）、一方の紛争当事国の付託によって手続きを開始する。

このような第三者機関による司法的解決を模索しつつ、イタリアは、7月21日には、国連海洋法条約290条に基づき、国際海洋法裁判所に対し、暫定措置を請求した。暫定措置は、本案判決が下されるまでの間に、紛争当事者の権利を保全するために定められるものであり、仲裁裁判所が構成されていない段階では国際海洋法裁判所がこれを定める。イタリアの付託は、以下の2点からなる。第1に、エンリカ・レクシー号事件の両被告人に対する司法または行政措置をインドがとることを慎むことであり、第2に、附属書VIIにおける手続きが進行する間、両被告人がイタリアに戻り・滞在することを確保するためのあらゆる手段をインドがとることである。

8月24日、国際海洋法裁判所は、まず、自らが暫定措置を定めることができることを確認した。そのうえで、イタリアが請求したままの形で暫定措置を定めることは、両国の権利を平等に保全することにつながらず、また、2人の処遇については本案において仲裁裁判所が判断すべきことであるとし、以下の2つの暫定措置を定めた。第1に、イタリア・インドの両国がともに、紛争を悪化させたり、仲裁裁判所による決定の履行を妨げたりしかねない、国内で進行中の司法手続きを中断し、別個の手続きを新たに開始しない。第2に、第1の措置について国際海洋法裁判所へ報告する。これを受け、インド最高裁判所は、8月26日に2人の被告人に対するあらゆる司法手続きの中断を命じた。2015年8月現在、事件は仲裁裁判所において係争中である。

【参考文献】 Manimuthu Gandhi, 2013, "The Enrica Lexie Incident: Seeing beyond the Gray Areas of International Law", *Indian Journal of International Law*, Vol. 53, No. 1, pp. 1-26; Natalino Ronzitti, 2013, "The *Enrica Lexie* Incident: Law of the Sea and Immunity of State Officials Issues", *The Italian Yearbook of International Law 2012*, Vol. 22, pp. 3-22.

（瀬田 真）

第10章　アジア海賊対策地域協力協定における海賊問題への取組み

新谷　一朗

はじめに

　1990年代後半より海賊および船舶に対する武装強盗が急激に増加し、とりわけその約4分の3がアジア海域で発生していたという状況は、海上の安全に対する脅威を増大させた。ソマリア沖やアデン湾の海賊をめぐる状況を受けて、日本においても2009年に「海賊行為の処罰及び海賊行為への対処に関する法律」（平成21年法律55号）（以下「海賊対処法」とする）が成立した一方で、このようなアジア海域の状況下では、関係国間の地域的な協力こそが「そのような犯罪行為を抑止するためのあらゆる包括的なプログラムにおける礎石（cornerstone）の1つである」（Mejia 2010, p.127）と広く認識されるようになった[1]。このような認識が2000年代において国際協定という形で結実したのがアジア海賊対策地域協力協定（Regional Cooperation Agreement on Combating Piracy and Armed Robbery against Ships in Asia：以下「ReCAAP」とする）である。本稿では、2006年9月の発効から既に9年以上が経過したReCAAPについて、その成立経緯を概観し、論者によって参照されることの多いReCAAPの主要な規定を参照し、諸外国の研究者によって発表された論文に現れたReCAAPに対する評価を整理し、ReCAAPに大きな影響を受けているジブチ行動指針にも言及する。

---

　(1)　*See* also Bradford 2005, p.63.

第1節 ReCAAP の背景

ReCAAPの内容を概観する前に、その成立の経緯に触れておく必要がある[2]。既に1999年のASEAN+1において、前述のアジア海域における海賊および船舶に対する武装強盗の増加に伴う問題に対して、小渕恵三首相（当時）が「海賊対策国際会議」の開催について提案し、海賊対策のための関係国の協力を強化する重要性を指摘した[3]。この提案に応える形で開催された翌2000年の各種国際会議において、2つの重要な文書が発出された。すなわち、東京アピールとモデル・アクション・プランである。東京アピールはその前文において、1999年5月に国際海事機関（IMO）の海上安全委員会で採択された2つの勧告、すなわち「海賊及び船舶に対する武装強盗を防止並びに抑止のための政府に対する勧告（Recommendations to Governments for Preventing and Suppressing Piracy and Armed Robbery against Ships[4]）」および「海賊及び船舶に対する武装強盗の予防及び抑止のための船舶所有者、船舶運航者、船長及び乗組員に対する手引き（Guidance to Shipowners and Ship Operators, Shipmasters and Crews on Preventing and Suppressing Acts of Piracy and Armed Robbery against Ships[5]）」の実施を目指すと述べており、これら2つの勧告のうち、とりわけ前者は、「地域間協力のさらなる発展」および「戦術的および実施上のレベルにおいて協調された対応を促進するための地域協定」が「関連諸国間で締結されること」を要求していた。

ReCAAPの文言は、いわゆるASEAN+6、すなわちASEAN加盟国10か国に南アジア（バングラディッシュ、インド、スリランカ）と東アジア（日本、韓国、中国）の6か国を加えた国々の代表によって起草されたものである[6]。そしてこれは2004年11月11日に採択され、2006年9月4日に発効した。ReCAAPの情報共有センターは、2006年11月29日に正式に運用開始された。その名称が

---

(2) ReCAAPの成立に向けての経緯については、梅澤 2004, pp.107-110 ; Bradford 2005, p.63.
(3) 梅澤 2004, p.109.
(4) IMO Doc. MSC/Circ.622/Rev.1 (16 June 1999).
(5) IMO Doc. MSC/Circ.623/Rev.1 (16 June 1999).
(6) Mejia 2010, p. 128. 個々の規定に関する具体的な審議内容については,梅澤 2004, pp 114-123.

示すとおり ReCAAP はアジア地域のみをカバーするものであるが、18条5項の規定により、あらゆる国の加入のために開放されており、2014年まで、20か国が締約しているものの、マレーシアとインドネシアはいまだ加入しておらず、この点を憾む論者も少なくない[7]。これはもちろん東南アジア海域における主要な航路であるマラッカ海峡、スンダ海峡、およびロンボク海峡が部分的にもしくは全面的にインドネシアおよびマレーシアの領海および群島水域に含まれているからである。船舶に対する武装強盗事件の多くはインドネシアおよびマレーシアの領海内で発生しているので、海賊および船舶に対する武装強盗に対抗するためには、これら2つの国からの情報が重大性を有することとなる。そこで、ReCAAP はこのギャップを埋めるために、マレーシア海上法執行庁（MMEA）ならびにインドネシア海上保安調整組織（Indonesian Maritime Security Coordinating Board; BAKORKAMLA）との連携の構築を目指しており、実際に、2005年8月にインドネシアのバタムで開催された会合において、両国ともReCAAP に対するサポートを行うことを表明している[8]。

第2節　ReCAAP の特色

1　一般的義務

ReCAAP3条のもとで、協定締約国は、船舶に対する海賊および武装強盗を防止および抑圧し、海賊および武装強盗を逮捕し、海賊および武装強盗の支配下にある船舶を拿捕し、被害者を救助するための効果的な措置をとることについて、あらゆる努力を払う（shall make every effort）と規定されている。

ReCAAP3条（一般的義務）[9]

---

(7) Beckman 2005, p.184; Ho 2009, p.433; Mejia 2010, p.128.
(8) The Batam Joint Statement of the fourth Tripartite Ministerial Meeting of the Littoral States on the Straits of Malacca and Singapore.Batam,Indonesia,1-2 August2005.,http://www.mfa.gov.sg/content/mfa/media_centre/press_room/if/2005/200508/infocus_20050802_02.html (last visited 21 Jul. 2015).
(9) ReCAAP の訳出については、外務省の仮訳文による。http://www.mofa.go.jp/mofaj/gaiko/pirate/pdfs/kyotei_j.pdf (last visited 21 Jul. 2015)

1. 締約国は、次の事項について効果的な措置をとるため、自国の国内法令及び適用可能な国際法の諸規則に従ってあらゆる努力を払う。
   (a) 海賊行為及び船舶に対する武装強盗を防止し、及び抑止すること。
   (b) 海賊又は船舶に対する武装強盗を行った者を逮捕すること。
   (c) 海賊行為又は船舶に対する武装強盗に用いられた船舶又は航空機を拿捕すること、海賊又は船舶に対する武装強盗を行った者によって奪取され、かつ、それらの者の支配下にある船舶を拿捕すること及び当該船舶内の財産を押収すること。
   (d) 海賊行為又は船舶に対する武装強盗の被害船舶及び被害者を救助すること。
2. この条のいかなる規定も、締約国がその領土においてからまでの規定について追加的な措置をとることを妨げるものではない。

2　定義

「海賊」および「船舶に対する武装強盗」という用語の定義に関する問題は、政府閣僚、学説、および実務の間で行われていた積年の論争の中核であり、ReCAAP1条はこれらの用語の定義を規定している。同条は、ReCAAPにおいて犯罪行為とされる所為の性質を明確にしている点で重要である。

ReCAAP1条（定義）
1. この協定の適用上、「海賊行為」とは、次の行為をいう。
   (a) 私有の船舶又は航空機の乗組員又は旅客が私的目的のために行うすべての不法な暴力行為、抑留又は略奪行為であって次のものに対して行われるもの
   (i) 公海における他の船舶又は当該船舶内にある人若しくは財産
   (ii) いずれの国の管轄権にも服さない場所にある船舶、人又は財産
   (b) いずれかの船舶又は航空機を海賊船舶又は海賊航空機とする事実を知って当該船舶又は航空機の運航に自発的に参加するすべての行為
   (c) 又は(a)(b)に規定する行為を扇動し、又は故意に助長するすべての行為

2. この協定の適用上、「船舶に対する武装強盗」とは、次の行為をいう。
   (a) 私的目的のために船舶又は当該船舶内にある人若しくは財産に対して行われるすべての不法な暴力行為、抑留又は略奪行為であって、締約国がそのような犯罪について管轄権を有する場所において行われるもの
   (b) いずれかの船舶を船舶に対する武装強盗を行うための船舶とする事実を知って当該船舶の運航に自発的に参加するすべての行為
   (c) 又は(a)(b)に規定する行為を扇動し、又は故意に助長するすべての行為

　1条1項で使われている文言は、あらゆる点で逐語的に国連海洋法条約101条の「海賊行為の定義」から取りあげられたものである（海賊行為の定義については**第7章石井論文**参照）。1条2項の「船舶に対する武装強盗」の定義に関する文言は、国際海事機関の総会決議A.922で見られた対船舶武装強盗の定義を採用したものである[10]。

3　情報共有センター

　ReCAAPの前文は、「締約国間での情報の共有及び能力の開発がアジアにおける海賊行為及び船舶に対する武装強盗の防止及び抑止に大きく貢献すること」への強い確信を表明している。そして、このような確信は、情報共有センターを通じて実施されることとなっている。情報共有センターはReCAAPの情報交換および地域協力のためのプラットフォームとしての役割を担うものであり、アジア海域における海賊および船舶に対する武装強盗に関する統計を統合および分析するものである（**コラム⑨ReCAAP情報共有センターの活動**参照）。収集された情報は、ReCAAP内部だけにとどまらずReCAAPのウェブサイトを通じて一般にも利用可能となる。このようにReCAAPの情報共有センターは、能力の開発に関する一連の活動を通じて、そして技術的な訓練と補助を提供することによって、加盟国間のより緊密な協力を促進しているのである[11]。

---

(10) IMO, Code of Practice for the Investigation of the Crimes of Piracy and Armed robbery against Ships, IMO Doc. A22/Res.922 (22 Jan. 2009).
(11) Mejia 2010, p.130.

ReCAAP14条は、情報共有センターが有するこのような機能の射程と意図に関して規定している。

　ReCAAP14条（能力の開発）
　1. 締約国は、海賊行為及び船舶に対する武装強盗を防止し、及び抑止する締約国の能力を向上させるため、協力又は援助を要請する他の締約国と最大限可能な限り協力するよう努める。
　2. センターは、能力の開発のための援助を提供することについて最大限可能な限り協力するよう努める。
　3. 能力の開発のための協力には、経験及び最良の慣行を共有するための教育及び訓練に関する計画等の技術援助を含めることができる。

　ReCAAPにおいてはそれぞれの加盟国が情報共有センターに対するインターフェースとなる。実際に、ReCAAP9条は、それぞれの加盟国に「［情報共有］センターとの連絡に責任を有する中央連絡先（focal point）を指定する」ことを義務づけており、日本政府については海上保安庁が中央連絡先として指定されている[12]。また、同条3項は、加盟国が「自国の指定された中央連絡先と他の権限のある国内当局（救助調整本部を含む。）及び関係非政府機関との間の円滑かつ効果的な連絡を確保する」ように規定している。換言すれば、情報共有、事件報告、および一般的なコミュニケーションは、——情報共有センターと加盟国間もしくは各加盟国間という意味での——外部的にも、——特定の加盟国内の異なる海事機関、関連機関、および組織の間という意味での——内部的にも第1に中央連絡先を通じて行われるのである[13]。

---

(12) 各加盟国の中央連絡先については，以下のサイトを参照。http://www.recaap.org/UsefulLinks.aspx (last visited 21 Jul. 2015).
(13) Mejia 2010, p.131.

第3節　諸外国の文献に現れた ReCAAP の評価

1　Joshua Ho の見解

　Ho は、ReCAAP を「最初の多数国による地域的な省庁間の活動である」（Ho 2009, p.433）と特徴づけたうえで、ReCAAP が有する3つの長所と3つの短所を指摘している。長所の第1点目として、ReCAAP が各加盟国に中央連絡先を指定するように要求していることがあげられている。つまりこの規定により、省庁間の協調という慣行を持たない加盟国でも、武装強盗および海賊に対処するために国内の組織に目を向け、中央連絡先と関わりあう省庁間のプロセスを明らかにする必要性が生じることが利点として指摘されている[14]。第2の長所としてあげられているのは、能力開発プログラムの存在である。すなわち、海事機関というものは——国際的な連携はいうまでもなく——国内の組織間においても独自に活動し、情報共有等の組織間での相互の連携活動は最小限とする傾向にあると指摘したうえで、ReCAAP はこうした傾向を解体し、能力の開発を通じて締約国間の協力の重大さを喚起するものであると述べられている。そして、第3の長所として、ReCAAP が包括的な組織であることが指摘されている。すなわち、海賊および武装強盗は複数の政府に影響を与えるにもかかわらず、当該問題への対応策に関する専門的知見（expertise）は、政府組織内だけでなく、政府外の組織にあることが多々ある。そのことにかんがみて、ReCAAP が、政府組織、政府間の組織、国際組織、あるいは非政府組織、そして研究機関等もパートナー組織として含めていることが長所として述べられているのである。

　一方で、Ho は ReCAAP が有する3つの限界にもまた言及しているが、そのうちの1つは、先に触れたマレーシアとインドネシアが加盟していないことであるため、ここでは割愛する。2つ目に指摘されているのは、情報共有センターが運営上の役割を有していないことである。すなわち、情報共有センターが中央連絡先から海賊および武装強盗に関する事件の情報を受け取るという事実

---

(14)　Ho 2009, p.433.

は報告の遅滞を招きうると述べたうえで、報告の適時性を促進するためには情報共有センターに対して船舶会社が直接に報告をするシステムが用いられる必要があることを説いている[15]。もう1つの限界としては、海賊および武装強盗の脅威に加えて、海運業ならびにハブ港がテロリズムの危険にも晒されていることがあげられている。そして、実際に海賊および武装強盗に対抗するために船舶によってとられている多くの手段が、海上テロリストに対する船舶の脆弱さを減少させる効力を持ちうると指摘したうえで、既に構築された中央連絡先の地域的なネットワークを利用すれば、情報共有センターは対海上テロリスト活動としても適した存在になりうると述べられている。すなわち、実際に発生したもしくは潜在的なテロ事件の情報が共有されることによって、情報共有センターが対海賊のみならず対海上テロリズムにも資する可能性が示唆されている[16]。

2　Maximo Mejia の見解

Mejia は、「いくつかのひじょうに有益な知見を ReCAAP の経験から学ぶことができる」(Mejia 2010, p.133) として、まず ReCAAP が海賊および船舶に対する武装強盗に関する定義を明らかにしている点を評価している。その一方で、地域協定が銀の弾丸ではないこともまた指摘されている[17]。すなわち地域協定は、海上犯罪に対する包括的なアプローチにおける1つの重要な要素であるが、他の多数の措置および協定とともに適用されてはじめて効力を生じることを強調している。そのうえで Mejia は、「機会と可能性」および「挑戦」双方の意味合いで ReCAAP から学ぶべきことが存在すると述べている。

ReCAAP の「機会と可能性」として、まず ReCAAP という地域協定によって海上領域認識 (maritime domain awareness) の質が実際に向上していることがあげられている。また ReCAAP は、協調、コミュニケーション、および情報共有のフォーラムとして、そして最善の実務としての役割を果たし続けており、加盟国の能力の開発にとって貴重な設備を提供している、と評されている。Mejia はもう1つの「機会と可能性」として、ReCAAP が強力に地域への焦点

---

(15) Ho 2009, p.433.
(16) Ho 2009, p.433.
(17) Mejia 2010, p. 133.

をあてているにもかかわらず、より多くの国家および機関の参加を促進している点を指摘している。これは既にHoが指摘した長所と同様であるが、Mejiaはさらに、協定において広範な参加者を伴うことは、国際的な注目を提起するだけでなく、透明性をも促進させると評価している。

他方で、ReCAAPの「挑戦」という視点からもさまざまな指摘がなされている。Mejiaもまた、関連するすべての国家を関与させることが必要だとしたうえで、インドネシアとマレーシアが協定に参加していないことをあげているが、この点については前述のとおりである。その他の点として、地域協定には時間や政治的意思以上に、堅固で信頼でき予想の立つ収入と資金の流れが必要であると指摘されていることは注目に値する[18]。

情報共有センターが直面しうる他の挑戦として、過少申告の問題にも言及されている。すなわち、海賊および武装強盗という犯罪に対抗するキャンペーンに勝利するためにはデータ分析が重要であるが、政府の中央連絡先に報告されるべき事件の多くが未報告のままになっていると論じられている[19]。またMejiaは、ReCAAP12条および13条に規定されている犯罪人引渡しおよび法律上の相互援助に関する文言が奨励的に述べられている点、ならびにReCAAP14条の能力の開発において犯罪人引渡しと法律上の相互援助がカバーされていない点に着目し、他の地域においてReCAAP型のフォーミュラが採用される際に、犯罪人引渡しと法律上の相互援助という分野においても能力の開発が利用されるならば、より改善されうると指摘している[20]。

3　Collins and Hassanの見解

Collins and Hassanは、まずReCAAPが有する定義規定に着目している。とりわけ、海賊行為に関する定義が国連海洋法条約と同様であることを指摘し、それゆえにReCAAPも国連海洋法条約の定義に見だされる欠点を引き継いでいると述べられている。このような欠点とは、たとえば、未遂が犯罪としてみなされるのかに関する曖昧さ、二船要件、私的目的の意義等である[21]。

---

(18)　Mejia 2010, pp.134-.
(19)　*See* also Hyslop 1989, p.5.
(20)　Mejia 2010, p.136.
(21)　Collins & Hassan, 2009, p.111.

また、ReCAAPの焦点が「海賊および武装強盗に対抗するために締約国間で協調し情報を共有するメカニズム」にあてられていることに着目し、とりわけ情報共有センターは、海賊および武装強盗の対抗において、アジアにおける各国政府が、常勤のスタッフを伴う常任団体という形で彼らの協調をはじめて制度化したものであると述べている。そして情報共有センターが有する可能性として、それがパトロールや訴追といった海賊に対する方策のさらなる協調のためにも堅固な基礎を提供していることをあげている[22]。

　他方で、ReCAAPが有する制限的な側面も指摘されている。たとえば、ReCAAPが10条において船舶又は航空機を発見することについて協力するよう要請することができると規定し、さらに11条において要請を受けた締約国の協力に関して規定しているにもかかわらず、許容される協力のメソッドについて詳細な規定をおいていない点をとらえて、国連海洋法条約100条の国際協力に関する条項のように、加盟国に裁量を与えることが義務を無意味なものとする可能性に言及している。またCollins and Hassan は、ReCAAPが武器の使用、海上パトロールならびに締約国間での犯罪者の捜査に関する権限について規定しておらず、海賊に対処するための国家の能力を向上させる訓練の実施についても触れられていないこともまた指摘している[23]。

第4節　ジブチ行動指針

　地域協力の重要性とReCAAPの経験は、海事世界の注目がアフリカの角における海賊問題に向けられている現在、ひじょうに重大となっている。これらの海賊行為への対策のために、2009年の初期、IMOのハイレベル・ミーティングにおいて、アフリカの角における海賊という文脈でReCAAPのモデルを採用するための具体的な一歩が踏み出された[24]。このハイレベル・ミーティングに先んじて、2009年1月26日から29日の間にジブチにおいて、西インド

---

(22)　Collin & Hassan 2009, p.111.
(23)　*See* also Roach 2005, p. 106.
(24)　IMO, High-Level Meeting in Djibouti Adopts a Code of Conduct to Repress Acts of Piracy and Armed robbery against Ships (30 Jan. 2009).

洋、アデン湾、および紅海における海洋の安全、海賊および船舶に対する武装強盗に関する限定地域（sub-regional）会合がジブチで開かれた。この会合の参加者は、当該地域のほとんどの国（21か国中17か国）から出された代理人であり、さらに地域外からの12か国からオブザーバー、すなわち国際連合の組織およびプログラムから9の国際組織および3の非政府組織が参加していた。そしてこの会合の結論は、ジブチ行動指針を採択することであり、このジブチ行動指針に、とりわけ中央連絡先の指定、情報共有センターの設立、ならびに能力の開発という側面で多大なる影響を与えているのがReCAAPである[25]。

　ジブチ行動指針は、その8条1項において「締約国は、本行動指針の目的と射程に従い、締約国間の共同の、効率的かつ時宜を得た情報供給を促進するために中央連絡先（focal point）を指定するものとする。指定された中央連絡先間の効果的かつ迅速なコミュニケーションを達成するために、締約国は、ケニア、タンザニアおよびイエメンの海賊情報交換センターを利用することとする」として、中央連絡先の指定ならびに情報共有センターの設立を規定している。さらに、ジブチ会議においては、2009年1月29日に可決された決議（Resolution）3において、「ジブチ会議は、……IMOに対してジブチにトレーニング・センターを設立するための適切な行動をとるように勧告する」として、トレーニング・センターをジブチに作ることもまた要請している。このようにReCAAPとジブチ行動指針との間では、情報共有センターの設立という点では類似点を見出せるものの、他方で重要な相違点として、後者が3つの情報共有センターを作ったことがあげられる。ReCAAPは単一の情報共有センターをシンガポールに有しているが、ジブチ行動指針は、8条1項において、ケニアのモンバサ、タンザニアのダルエスサラーム、そしてイエメンに情報共有センターを指定している。しかしこのような動向に対して、ジブチ行動指針において3つの離れた情報共有センターが指定されていることは、問題を含む協定となる可能性が指摘されている。すなわち、単一の情報共有センターのほうが十分なコミュニケーションに資すると考えられる[26]、との批判もある。

---

(25)　この経緯については，Mejia 2010, p.132.
(26)　Mejia 2010, p.135.

おわりに

　梅澤彰馬が指摘するように、ReCAAPは「国際慣習法化した国連海洋法条約の原則に国家慣行が挑戦するといったものではなく、将来益々増えるであろう同条約の規定で必ずしも網羅されない所謂同条約の隙間ともいうべき分野における国家実行につながる枠組みである」(梅澤2004, p.108)。加えて、「この地域の深刻な海賊問題の対策強化のため、各国は国連海洋法条約の枠を越えるような包括的な特別法を作成するのではなく、一刻も早い協力強化のための枠組み協定を欲し」(梅澤2004, pp.112-113)、また協定の基本原則に照らせば、Collins & Hassanが指摘するような、ReCAAPにおいて要請を受けた締約国の協力の具体的な規定ならびに締約国間での犯罪捜査に関する権限に関する規定が存在しない点については、むしろこれらの項目について詳細な規定を設けることは、そもそもReCAAPの目的とするところではないともいえる。むしろ注目すべきは、情報共有センターの設立という取り組みが各国の論者によって好意的に評価されている点である。とりわけこのような地域協力の将来的な可能性として、海賊に対する捜査といったより強力な手段の各国間の協調という意味においても情報共有センターが堅固な基礎を提供することができ[27]、さらにReCAAPによって既に構築された中央連絡先の地域的なネットワークを利用すれば、情報共有センターは海上テロリストに対抗する手段としても適した存在になりうる[28]、と述べられている点は興味深い。ReCAAPが有するこのような可能性をより端的に表しているのは、深刻な海賊問題を抱えるソマリア沖の海賊行為への対策のために採択されたジブチ行動指針においても、当該地域の国家間の協力が重視され情報共有センターの設立が規定されていることであろう。このように、海賊問題に対応するための協力強化のための枠組みの提示として、その先駆けとしてのReCAAPが有する特徴およびその経験は一定の評価を受けているものといえる。

---

　(27)　Collins & Hassan 2009, p. 111.
　(28)　Ho 2009, p. 433.

もっとも、情報共有センターの役割について、近時 Robert Beckman は、国連海洋法条約 100 条が規定する海賊行為の抑止のための協力の義務を各国が履行する重要性を主張する見地から、ReCAAP の締約国は、情報共有センターが、海賊行為を中央連絡先および海賊行為があった海域にあるすべての船舶に通知する手続きを確立すべきであると指摘しており[29]、ReCAAP の今後の展開に対しても注目が向けられているところである。

主要参考文献・資料

梅澤彰馬，2004，「アジア地域の海賊対策に向けての法的枠組み——海洋法秩序の展開」『国際法外交雑誌』第 103 巻 1 号，pp.107-125.

The Batam Joint Statement of the fourth Tripartite Ministerial Meeting of the Littoral States on the Straits of Malacca and Singapore.Batam,Indonesia,1–2 August2005.

Beckman, Robert, 2005, "Singapore Strives to Enhance Safety, Security, and Environmental Protection in Its Port and in the Straits of Malacca and Singapore", *Ocean & Coastal L.J.* Vol. 14, pp.167-200.

Beckman, Robert, 2012,"The Piracy Regime under UNCLOS: Problems and Prospects for Cooperation", in: Robert Beckman & Ashley Roach (eds.), *Piracy and International Maritime Crimes in ASEAN*, Edward Elgar Publishing, pp.17-37.

Bradford, John, 2005, "The Growing Prospects for Maritime Security Cooperation in Southeast Asia", *Naval War College Review,* Vol. 58, No. 3, pp. 63-86.

Collins, Rosemary & Hassan, Daud, 2009 , "Application and Shortcomings of the Law of the Sea in Combating Piracy: A South East Asian Perspective", *J. Mar. L. & Com.* Vol 40, pp.89-113.

Ho, Joshua, 2009, "Combating Piracy and Armed Robbery in Asia", *Marine Policy,* Vol. 33, pp.432-434.

Hyslop, Ian, 1989, "Contemporary Piracy", in: Eric Ellen (eds.), *Piracy at Sea.* ICC Publishing, pp.3-40.

IMO, Doc. MSC/Circ.622/Rev.1 (16 June 1999).

IMO, Doc. MSC/Circ.623/Rev.1 (16 June 1999).

IMO, *Code of Practice for the Investigation of the Crimes of Piracy and Armed Robbery against Ships*, IMO Doc. A22/Res.922 (22 Jan. 2009).

IMO, *High-level meeting in Djibouti adopts a Code of Conduct to repress acts of piracy and armed robbery against ships* (Briefing 03, 30 Jan. 2009), http://www.imo.org/blast/mainframe.asp?topic_id=1773&doc_id=10933.

Mejia, Maximo, 2010, "Regional Cooperation in Combating Piracy and Armed Robbery against Ships", in: Anna Petrig (eds.), *Sea Piracy Law,* Duncker & Humblot, pp.125-137.

Roach, Ashley, 2005, "Enhancing Maritime Security in the Straits of Malacca and Singapore", *Journal of International Affairs,* Vol. 59 No. 1, pp.97-116.

---

(29)　Beckman 2012, p.36.

理解を深めるために
コラム⑨ ReCAAP情報共有センターの活動

1. ReCAAP情報共有センターの設立
　マラッカ・シンガポール海峡をはじめとするアジア海域の海賊行為・海上武装強盗（以下「海賊行為等」とする）の深刻化を受け、ASEAN加盟国や日本等が協議を重ね、2004年11月に「アジア海賊対策地域協力協定」（以下「ReCAAP」とする）が採択され、2006年9月に発効した。2006年11月には、ReCAAP4条1項に基き、シンガポールに「情報共有センター（Information Sharing Center）」（以下「ISC」とする）が設立された。ISCは「総務会」および総務会で選出された事務局長を長とする「事務局」で構成されている。事務局には、総務部、運用部、分析部と計画部の4部が置かれている。
　以下では、ISCの主たる活動である「海賊行為等の事案情報の共有と分析」と「締約国の能力向上等の支援」を紹介する。

2. 海賊行為等の事案情報の共有
　ReCAAPの締約国は、海賊行為等の事案情報の収集や国内関係機関との調整を一元的に行う組織であるフォーカルポイント（以下「FP」とする）を指定し、あらかじめISCに登録している。FPとISCとは、専用の情報ネットワークシステム（以下「IFN」とする）で結ばれている。FPは自ら得た情報をISCや他のFPに伝達することとなっている。船会社等はファックスおよび電子メール等で海賊行為等の事案情報を直接ISCに伝達できるが、このような情報については関係国政府のFP等に調査を依頼し、その結果をISCにフィードバックしてもらう。つまり、民間から得た情報であっても、関係国政府の調査により、さらに信頼性を高める体制をとっている。なお、日本では海上保安庁がFPに指定されている。
　ISCが得た情報は警報の発出や分析にも活用される。ISCの運用部は情報の収集と確認を実施しつつ、特に人命に関わるような情報が得られ、早急に船舶に警戒を促す必要があると判断される場合には警報を発出する。警報はIFNによりFPに通知されるほか、ISCのホームページにも掲載され、事前に登録のあった船会社等には電子メール等で直接伝達される。このような情報収集と警報発出のシステムは24時間体制で稼働しており、迅速で信頼性の高いサービスを提供している。

3. 海賊行為等の事案情報の分析
　海賊行為等の事案には、武器で武装して乗組員の生命身体に危険を及ぼすような深刻なものから、軽い窃盗のようなものまでさまざまな事案が存在する。そのため、ISCにおいて収集された海賊行為等の事案情報は、分析部において事案の深刻度に応じて4つのカテゴリーに分類され、単に海賊行為等の事案の多寡だけでなく傾向をつかんだり、深刻なものに焦点をあてた分析が行われている。分析部では、船舶において必要な予防措置等の検討も行われている。
　これらの分析結果は月間のレポートとしてFPに公開されるほか、最も深刻なカテゴリー1に分類されるような海賊行為等の事案が発生したり、同一海域で事案が多発したりした場合には、特別レポートがその都度刊行される。これらレポートは一般向けにも作成され、ISCのホームページに掲載される。

4. 締約国の能力向上等の支援
　締約国間の協力促進と締約国の能力向上のための施策の計画立案・実施はISCの計画部において行われている。具体的には、FPのIFN運用担当官を対象としたワークショップ、FP幹部会議および事案発生を想定したIFNによる情報共有訓練等が実施されている。このような訓練は、個々の締約国の能力向上のほか、締約国間の相互理解（mutual understanding）の促進も目的として実施されている。こうした訓練等を通じた相互理解が、締約国間の協力関係を深化させている。

(松本 孝典)

理解を深めるために
コラム⑩ オーキム・ハーモニー号事件

2015年6月11日21時ごろ（現地時間）、マレー半島の東側を航行していたマレーシア船籍のプロダクトタンカー「オーキム・ハーモニー」（以下「O号」とする）（総トン数約5000トン）が消息不明となった。O号の乗員はマレーシア人16名、インドネシア人5名、ミャンマー人1名の合計22名、また積荷はガソリン約6000トンであった。周辺各国による捜索が行われ、6月17日15時ごろ、オーストラリア空軍の哨戒機がタイ湾でO号を発見した。消息不明となる前のO号の船尾には「ORKIM HARMONY」と船名が記されていたが、オーストラリア空軍に発見されたときには、左端の「OR」と右端の「Y」が消され、「KIM HARMON」と記され、IMO番号も消されていた。マレーシア海上法令執行庁（MMEA）とマレーシア海軍はO号が発見された海域に船艇・艦船を派遣し、O号を確認した。6月19日午前1時ごろ、マレーシア当局がO号に乗船し、乗員1名を除く21名の無事を確認した。インドネシア国籍の乗員1名が、6月11日に武装した実行犯13名がO号を襲撃し乗り込んできた際に太ももを撃たれ負傷した。O号の積荷のガソリンは無事であったが、乗員の貴重品や携帯電話が奪われ、通信機器が破壊されていた。マレーシア当局がO号に乗船したときには、O号を襲撃・運航支配するなどした実行犯13名は既にO号から脱出・逃走していた。その後、O号に搭載されていた救命艇で脱出・逃走した実行犯8名は、6月19日、ベトナム南西のトーチュー島に漂着したところをベトナム沿岸警備隊（VCG）によって拘束された。拘束された実行犯8名は全員インドネシア国籍で、漁民を装い「漁船が沈んだ」などの供述をし、必要以上の外国通貨や携帯電話を所持していた。残り5名の実行犯については、O号の積荷のガソリンの購入者を捜すため、O号を襲撃する際に使用したタグボートでO号を離れたものと推察される。実行犯5名は本コラム執筆時点（2015年11月末）では逃走中であるが、タグボートについては6月30日にインドネシア海軍によってインドネシアのバタム島で発見された。8月20日には、本事案の首謀者がインドネシア当局によって逮捕された。

本事案には、MMEA、マレーシア海軍、VCG、インドネシア沿岸警備隊、インドネシア海軍、オーストラリア空軍、タイ海軍、またアジア海賊対策地域協力協定に基づいて設置された情報共有センター（以下「ReCAAP ISC」とする）など、多くの関係機関が国際的に情報を共有しながら協力して事案対処にあたり、O号の発見、O号乗員の救出、O号襲撃・運航支配等の実行犯と首謀者の逮捕にいたった（ReCAAP ISCの活動についてはコラム⑨参照）。本事案は国際的な連携・協力による事案対処の好事例である。

本事案についての管轄権行使については、マレーシアは国際法上O号の船籍国として旗国主義に基づく管轄権を有し、マレーシア刑法典Section 2は旗国主義を採用している。インドネシアは国際法上O号襲撃等の実行犯の国籍国としての管轄権を有し、インドネシア刑法典5条1項は積極的属人主義を採用している。また、O号が襲撃された正確な地点は不明であるが、ベトナムは公海上で発生した国際法上の海賊行為に対して普遍的管轄権を有し、ベトナム刑法典6条2項は条約に基づく国外犯について規定している。実際に実行犯8名を拘束した国はベトナムであり、首謀者を逮捕した国はインドネシアである。本コラム執筆時点では、実行犯8名の処罰をいずれの国が担うかについては未確定であるが、マレーシア政府からベトナム政府に対して実行犯8名の引渡し請求がなされている。

【本事案の参考情報】 ReCAAP ISCのホームページ（http://www.recaap.org/）

（鶴田 順・松吉 慎一郎）

第11章　海上保安庁―海上自衛隊関係の変化と海賊対処法

奥薗 淳二

はじめに

　日本の行政学研究において行政組織間のセクショナリズムは主要な研究対象の1つとなっている。それらの多くは、日本の中央省庁が国益よりもいわゆる「省益」を優先するために、行政を非効率なものとしているという文脈での議論が中心となっている[1]。

　だが、政策の立案から実施に至る過程で行政組織同士が、協力関係を構築する事例は多い。省庁間の関係イコール縦割り行政の弊害という論理は、行政組織間の役割分担、衝突および協力といった多様な関係性の一部分を表現しただけの可能性もある。そこで、**本章**では、こうした多様な関係のうち、海上保安庁と海上自衛隊との関係の変化を明らかにしていきたい。

　ほとんどの国家は、実力組織として、国内法に基づいて犯罪予防、犯罪捜査および治安維持を担う警察組織と、国家の防衛を担う軍事的組織とを備えている。日本において、前者は、とくに犯罪の予防および鎮圧、犯罪捜査、人命や財産の保護等を任務として組織された警察や海上保安庁であり、後者は、「我が国の平和と独立を守り、国の安全を保つため、直接侵略及び間接侵略に対し我が国を防衛することを主たる任務とし、必要に応じ、公共の秩序の維持」（自衛隊法〔昭和29年法律165号〕3条1項）を担う自衛隊である[2]。

---

(1) 代表的な研究として、今村2006がある。
(2) 傍点は筆者による挿入。本章では、学術用語としてのmilitaryを軍事的（組織）と訳し、自衛隊はこれに含まれるという前提で議論するが、これをもって、自衛隊が憲法が保持しないとする戦力にあたると論じているわけではない。

このように、両者は異なる目的をもって設置された組織だが、日本においては軍事的組織たる自衛隊も治安維持の任務を帯びることがありうる。このように、類似した任務を与えられている以上、両者には何らかの役割分担や協働が予定されていると考えられる。

そこで**本章**では、「海賊行為の処罰及び海賊行為への対処に関する法律」（平成21年法律55号）（以下「海賊対処法」とする）の制定によって、海上保安庁と海上自衛隊との役割分担および協働関係のありようが変化したことを明らかにするため、同法制定前後の両者の関係を観察したい。

このため、**本章**は以下の構成をとる。**第1節**においては、警察組織と軍事的組織の関係性に関する先行研究をまとめ、**本章**の関心である海上保安庁と海上自衛隊との役割分担および協働関係を分析することにどのような意義があるかを示す。次に、**第2節**においては、海上保安庁および自衛隊の任務規定や自衛隊の行動類型について確認したうえで、なぜ警察組織と軍事的組織の関係を分析するのに海上保安庁と海上自衛隊の関係に注目するのかを示す。そして、治安の維持に関する業務が、制度上一見してオーバーラップしているようにみえるものの、実際には役割分担がなされてきたことを論じる。さらに、**第3節**においては、**第2節**で示した海上保安庁と海上自衛隊との制度上の役割分担に対して、実態としてどのような連携がなされてきたのか観察することにより、海賊対処のための協働関係が既存の両者の関係とは異なる性格を有していることを明らかにする。そして、**第4節**においては、海賊対処法が両者の補完関係を深化させると同時に、日本の警察組織と軍事的組織との関係を変化させうる制度であることを指摘し、**本章**の結論とする。

第1節　軍事的組織と警察組織との関係性に関する先行研究

これまでの自衛隊に関する研究は、その存在の合憲性を問う論考に偏っており、治安の維持を任務としている警察組織と治安維持を担うときの自衛隊との関係に注目した研究は数少ない。

これらは両者の相違に着目したもの（中野2008、池田2006、色摩1999、戒能1968など）と、補完関係に着目したもの（宇佐見2010、村木2001など）の大きく

2つに分けることができる。**本章**は、両者の相違を前提にした関係を分析する立場をとる[3]。

まず、中野2008は、「警察機能」と「軍事機能」はそれぞれの目的の相違から、行動原理、作用する場面、手段等に差異があり、それらに対する法的統制のありようが異なっていることを論じた。ここで両機能の特徴として示されたのが、それぞれの機能の統制の仕組みの相違である。「警察機能」の特徴として強調されたのは、それを根拠づける規定は概括的・弾力的・裁量的にならざるをえないことから、「警察権の限界」という法令解釈論上の概念が「警察機能」の担い手たる警察官や海上保安官の裁量判断を統制しているということであった。これに対し、「軍事機能」には、「警察機能」と異なり、客体に対する義務づけ、禁止の解除等といった規定がほとんど存在していないことから、「警察機能」と「軍事機能」とでは統制の仕組みが異なっている、というのである。

こうした整理は説得力のある議論だが、「軍事機能」の担い手である自衛隊が一時的に警察機能を担う場合の自衛官の権限とその権限行使の限界を規定しているのは、警察官職務執行法（昭和23年法律136号）（以下警職法とする）や海上保安庁法（昭和23年法律28号）等を準用する規定である。このように、一方がもう一方の機能を肩代わりしたり、補完したりするといった状況が制度的に予定されている以上、機能の相違の次の段階として、両組織の関係に注目する必要がある。

他方、宇佐美2010は、海賊対処法から自衛官の果たす「警察作用」と「防衛作用」との関係を考察している。この研究は、海上における警備行動（以下「海上警備行動」とする）および海賊対処行動によるソマリア沖海賊問題への対処が、「防衛作用」なのか、「警察作用」なのかを考察することを目的としている。そして、ソマリア沖の海賊が重火器で武装しているのを主な理由として、これへの対処は純粋な「警察作用」では不可能であり、「防衛作用」の流動的な運用で対処しなければならない事態だととらえている。そのような「防衛作用」と「警察作用」との関係に対する理解から、彼は、海上警備行動や海賊対

---

(3) 本章とは別の観点から軍と警察の区別の曖昧化を論じたものに、藤原2005がある。

処行動を「防衛作用の『流動的』な運用を円滑にするもの」と論じている[4]。

しかしこの論考は、「警察作用」と「防衛作用」とを必ずしも明確に定義していないために、海上警備行動および海賊対処行動において、何がどうなれば「警察作用」から「防衛作用」に移行するのかが明瞭ではない。かりに、客体の武装の程度次第で「警察作用」から「防衛作用」に切り替わるのだとすれば、海上警備行動や海賊対処行動時の自衛官の各権限が、あくまでも海上保安官や警察官の権限規定である海上保安庁法や警職法を準用したものとなっている法制度との整合性をどのように説明すればよいのか判然としない。その一方で、治安出動は間接侵略等を対象として発令され、警察組織にはない権限規定も自衛官に付与される。「流動的な運用」の議論をするのに、なぜ、治安出動ではなく、海賊対処行動を対象としたのかは、やはり明確にされるべきだったのであろう。

このように、警察組織と軍事的組織の峻別については、法的議論としては明らかとなりつつあるのに対して、法的に予定された組織間の関係については検討が始まったばかりである。そこで、**本章**では、2000年前後からの海上保安庁と海上自衛隊との役割分担および連携に関する政策過程を観察することにより、日本の警察組織と軍事的組織の関係の変化を明らかにする。

第2節　海上保安庁と自衛隊との制度比較

本節では、海上保安庁と海上自衛隊との任務規定の相異および自衛隊の行動類型を確認しつつ、両者の役割分担の関係を示す。その過程で、警察組織と軍事的組織の関係性を理解するうえで海上保安庁と海上自衛隊との関係性を明らかにすることが重要であることを論じる。

1　海上保安庁の役割

海上保安庁の巡視船には、海上における治安を維持するのに適当な設備として、40ミリ機関砲等の陸上の警察では使用されることの少ない大型の武器が搭載されていること等を根拠として、海上保安庁を「準軍事的組織

---

(4)　宇佐美 2010, p.27.

(paramilitary)[(5)]」と評する論考も存在するが、海上保安庁は、「海上において、人命及び財産を保護し、並びに法律の違反を予防し、捜査し、及び鎮圧する」ために設置された組織である（海上保安庁法1条）。また、海上保安庁またはその職員が軍隊として組織され、訓練されることが禁止されている（同法25条）ことから、海上保安庁はあくまで警察組織である。

そのため、海上保安庁には3つの警察組織としての権限が与えられている。第1に、海上保安官は、海上における犯罪を捜査するにあたっては、司法警察職員として活動する。この場合、捜査管轄は海上における犯罪に限定されているものの、犯罪捜査権限は陸上の警察官と同じであり、海上における犯罪を捜査するため、警察官と同様の活動を実施している。第2に、海上保安官は、海上における法令の励行に関する事務を行う場合は、当該法令に関する事務を所管する行政官庁の当該官吏とみなされる。第3に、個々の法令の励行ではなく、海上保安官が職務を行うため必要があるときは、特定の事項を確かめるため船舶の進行を停止させて立入検査することや、まさに行われようとする犯罪、天災事変等のために人の生命もしくは身体に危険が及ぶおそれがあり、急を要する場合等においては、船舶の進行を開始させ、停止させ、またはその出発を差し止めたり、航路を変更させたりすること等ができる。

海上保安官はこのような任務と権限に基づいて警察組織の職員として活動しているが、防衛出動または治安出動による自衛隊に対する出動命令に際して、特別の必要があると認められるとき、内閣総理大臣は海上保安庁の全部または一部を防衛大臣の統制下に入れることができ、防衛大臣がこれを指揮することとされている。

このように、海上保安庁は陸上の警察とは異なり、防衛省との連携が制度的に予定されている。よって、警察組織と軍事的組織の協力関係を説明するにあたって、海上保安庁と自衛隊との関係は重要なのである。

2　自衛隊の役割

前述のように、自衛隊の主たる任務は日本の防衛だが、必要に応じて公共の

---

(5) Hughes 2009, pp.84-99 等。ただし、海上において使用することを想定した場合、武器は大型化せざるをえない（奥薗・廣瀬2004）。組織の性質を分類するのに意味を持つのは、武器の大きさではなく使用の態様である。

表　自衛隊の行動類型

	防衛出動	治安出動	海上警備行動	海賊対処行動
発令要件	外部からの武力攻撃が発生 我が国を防衛するため必要があると認められる事態等（自衛隊法76条）	間接侵略その他の緊急事態に際して、一般の警察力をもつては、治安を維持することができないと認められる場合（自衛隊法78、81条）	海上における人命若しくは財産の保護又は治安の維持のため特別の必要がある場合（自衛隊法82条）	海賊行為に対処するため特別の必要がある場合（自衛隊法82条の2）
武器使用権限	わが国を防衛するため、必要な武力を行使することができる（自衛隊法88条）	警職法及び海上保安庁法の規定準用（自衛隊法89、91条） 職務上警護する人、施設又は物件が暴行又は侵害を受け、又は受けようとする明白な危険があり、武器を使用するほか、他にこれを排除する適当な手段がない場合等に使用できる（自衛隊法90条）	警職法及び海上保安庁法の規定準用（自衛隊法93条）	海上保安庁法6条の規定準用（自衛隊法93条の2、海賊対処法8条）

秩序の維持にあたることも自衛隊の任務として規定されている（自衛隊法3条）。つまり、「必要に応じ」、自衛隊は警察組織としての役割を果たすことがありうる。そして、海賊対処法制定以前は、このいわゆる従たる任務のために自衛隊を行動させる枠組みとして、「間接侵略その他の緊急事態に際して、一般の警察力をもつては治安を維持することができないと認められる場合」等に発令される「治安出動」や、「海上における人命若しくは財産の保護又は治安の維持のため特別の必要がある場合」に発令される海上警備行動等の行動類型が規定されており、それぞれの類型ごとに自衛官が行使できる権限が規定されている（**表 自衛隊の行動類型**参照）。

このうち、海上警備行動を発令する要件として規定された「特別の必要がある場合」の具体的判断基準として明示されたのが、「海上保安庁による対応が不可能または著しく困難であること」である[6]。このことを前提にすれば、ある事案について、海上保安庁のみによる対応が不可能または著しく困難だと内閣が認めるという特殊な事態が生じたとき、海上警備行動が発令され、そのような特殊な事態に対応できるだけの装備を有する海上自衛隊が海上保安庁に代わって当該事案に対応することとなる。

---

(6) 海上警備行動が発令された、能登半島沖不審船事件（1999年3月）および中国漢級原子力潜水艦領海侵犯事案（2004年11月）の2例ともに同様の説明がなされた。

3　小括

本節では、海上保安庁が警察組織、海上自衛隊が軍事的組織に類型化されることを確認した上で、海上自衛隊が状況に応じて治安の維持にあたることがありえ、海上保安庁と海上自衛隊が連携して事態に対応することが制度的に予定されていることを示した。

ただし、その事態とは、警察組織として活動する海上保安庁では対応できない状況を想定したものであり、海上自衛隊がその従たる任務である治安の維持にあたるのは、特殊な状況に限定されていた。

このように見れば、海上保安庁と海上自衛隊との関係は、基本的にはいわば分業の関係にあり、必要に応じて海上自衛隊がその装備上の優位を活かして海上保安行政の一部を代行するという関係が構築されていたと評価できる。

そこで、**次節**では、具体的な役割分担と連携のありようを見ていこう。

第3節　海上保安庁と海上自衛隊との協働

本節では、両者の役割分担と連携を観察することにより、治安の維持のための両者の関係が段階を追って変化してきたことを明らかにする。

1　不審船事件

災害対応を除いて海上保安庁と海上自衛隊とが目に見えて連携した初の事案はいわゆる能登半島沖不審船事件であった。1999年3月23日午前7時前から9時半頃にかけて、海上自衛隊の哨戒機が佐渡島西方沖および能登半島東方沖の領海内において2隻の不審船を発見した。この発見から数時間後、海上自衛隊から海上保安庁に対して情報提供がなされ、海上保安庁が対応を開始した。巡視船による長時間の追跡の末、戦後初の砲による威嚇射撃が実施されたものの、不審船は高速での逃走を継続し、その速力差から巡視船が不審船を捕捉することは困難であった。

この間、海上自衛隊の護衛艦も調査・研究および運輸大臣の要請に基づく官庁間協力業務を根拠として巡視船とともに不審船の後を追っていた。しかし、主体的に不審船を追跡するのに必要な権限を自衛官が得るためには、海上警備行動等の発令が不可欠であったことから、23日の昼過ぎには防衛庁（当時）の

職員等による海上警備行動発令の準備が進められ、翌24日深夜、小渕恵三首相が海上警備行動の発令を了承した[7]。これらの意思決定過程において、海上警備行動には閣議決定が必要であることから、持ち回り閣議による手続きがなされた[8]。

海上警備行動が発令された後、追跡の主体は法的に海上自衛隊に移り、護衛艦による追跡が継続された。しかし、停船させるための法的手段は海上保安庁と全く同等であり、逃走する不審船に対して効果的な対応を取ることはできず、2隻の不審船を停船させるには至らなかった。

この教訓から、海上保安庁法に新たな武器使用規定が盛り込まれるとともに、海上保安庁と海上自衛隊の間では共同訓練が重ねられ、海上警備行動発令時の不審船に対する共同対処マニュアルが整備された。その内容は、不審船への対処は警察機関である海上保安庁が第一に行い、海上保安庁による対処が困難な場合、防衛庁は首相の承認を得て迅速に海上警備行動を発令、共同して対処するという趣旨のものであった[9]。

一方、制度面においては、速やかに自衛隊を行動させることが必要な場合であっても円滑にその権限を付与することが困難だということが、政府関係者に認識された。そのため、政府において対応策が検討され、1999年5月19日、海上警備行動発令手続きの運用面での見直しを含む「緊急対応策」の検討内容が公表された。つまり、違法に領海に侵入した不審船に対応するにあたっては、海上警備行動を迅速に発令するため、内閣総理大臣、内閣官房長官、外務大臣、運輸大臣、国家公安委員長、防衛庁長官の関係閣僚だけで対処方針を決定できるという手順について、事前に閣議決定しておくことが検討されたのである[10]。

しかし、その後の議論において、海上警備行動の発令手順に関しては、「状況により内閣官房長官の指示を得て官邸対策室を設置、必要に応じ関係閣僚会議を開催する。海上警備行動の発令が必要になった場合には安全保障会議及び

---

(7) 読売新聞1999年4月3日朝刊, p3.
(8) 海上警備行動が発令された、能登半島沖不審船事件（1999年3月）および中国漢級原子力潜水艦領海侵犯事案（2004年11月）の2例ともに同様の説明がなされた。
(9) 海上治安研究会2004, p.146-147.
(10) 読売新聞1999年5月20日朝刊, p.1.

閣議を開催する」という方針に転換され[11]、事案毎に発令の可否を内閣が判断するという体制が維持されることとなった。

　これら共同対処マニュアルの見直し、武器使用に関する海上保安庁法の改正および海上警備行動の運用に関する検討が完了した2001年12月、東シナ海の日本の排他的経済水域内における不審な船舶に関する情報が防衛庁から海上保安庁にもたらされた。これに対し、巡視船によって長時間にわたる追跡が行われ、最初の停船命令から約90分後に海面に向けた威嚇射撃、3時間後には船体に対する威嚇射撃が行われ、不審船は停船した[12]。

　この事件では、海上保安庁と海上自衛隊の連携に関する課題が示されたことから[13]、共同対処マニュアルの見直しが行われ、新たに「不審船事案については政府の方針として当初から自衛隊の艦艇を派遣すること」が明記されることとはなった。しかし、海上警備行動に関する意思決定手続きについての全閣僚の同意が必要な点は変更された形跡は管見の限り認められなかった。

2　ソマリア沖海賊への対応

　2007年10月28日に日本の会社所有のケミカルタンカーがソマリア沖で海賊に襲撃された、2008年4月21日、海上保安庁は、ソマリア沖の海賊について注意を喚起した。また、アジアにおける成功に倣い[14]、イエメンの沿岸警備隊職員に対する研修を日本において実施する等の対策を実施しつつあった[15]。

　しかし、海上保安庁は対処療法として巡視船等を派遣することには必ずしも積極的ではなかったことが推測される。つまり、東南アジアの海賊が比較的小型の火器で武装していたのに対し、ソマリア沖海賊がロケットランチャーをはじめとした重火器で武装していること、および、すでにアメリカをはじめとした国々は海軍に対応させていることから、巡視船派遣による対応可能性に疑問符がついたのである[16]。

---

(11)　読売新聞1999年8月11日夕刊, p.2.
(12)　事態の推移については、海上治安研究会2004に詳細な記述がある。
(13)　読売新聞2001年12月25日朝刊, p.3.
(14)　詳細は第10章 アジア海賊対策地域協力協定における海賊問題への取組み（新谷）。
(15)　中曽根弘文外務大臣答弁『第170回国会衆議院国際テロリズムの防止及び我が国の協力支援活動並びにイラク人道復興支援活動等に関する特別委員会議録4号』（2008年10月20日）, pp.3-4.

他方、防衛省・自衛隊も、海上警備行動でソマリア沖海賊対策に護衛艦等を派遣することには必ずしも積極的とはいえない態度をとる。
　それは次のような理由による。第1に、海上警備行動時の武器使用権限はあくまでも警職法7条を準用した自衛隊法の規定であって、武器を使用して海賊行為を制止することが難しい。第2に、海上警備行動時に保護対象となるのは日本船籍の船舶か日本の積荷を運送する船舶であり、日本と直接の関係がない船舶を保護対象にできない[17]。第3に、海上警備行動はそもそも一時的に海上保安庁に代わって海上自衛隊が事案に対応するものであり、シーレーンの防衛としての海賊対策は「常続的」であることから、海賊対策に海上警備行動を使うことそのものが「不自然」である。このように、海上警備行動の発令にあたっては、海賊に対する対応の実効性、国際協力という目的との整合性、そして海上警備行動の運用という各段階について、以下のように、石破防衛大臣自身から重大な問題点が、提起されていたのである。

　　シーレーン防衛というのは、ある意味、常続的なものでございますから、そうすると、海上警備行動を出しっ放しというのは、それは法の運用としては極めて不自然だろうというふうに考えております[18]。

　これらの問題点を根拠として、ソマリア沖海賊への対処のために自衛隊を派遣することに防衛省が必ずしも積極的でなかったのは、大臣交代後もかわらなかった。石破大臣の次に任命された浜田靖一防衛大臣も、海上警備行動発令に向けた準備を行うよう海上幕僚長に指示しつつも、自衛隊による海賊対処には新法が必要である旨強調したのである[19]。
　このように、海上警備行動発令によって自衛隊をソマリア沖に派遣することが議論されるようになったのは、麻生太郎首相の強い意向があったからであっ

---

(16)　岩崎貞二海上保安庁長官答弁『第169回国会衆議院国土交通委員会議録第15号』(2008年4月23日), p.5.
(17)　朝日新聞2009年1月24日朝刊, p.4.
(18)　石破茂防衛大臣答弁『第169回国会衆議院安全保障委員会議録第6号』(2008年4月25日), p.16.
(19)　朝日新聞2009年1月30日朝刊, p.4.

た。防衛大臣が疑問を呈し、共に連立与党を構成している公明党が慎重な態度を示しているという[20]、内閣と国会の両面におけるコンセンサスが必ずしも十分でない状況にもかかわらず、麻生首相が結論を急いだのは、「各国も海軍を出したり中国も海軍を送る状況」を強く意識したためであった[21]。

結果として、閣議決定された海賊対処法案が成立するまでの「応急措置」として[22]、2009年3月13日、浜田防衛大臣は海上警備行動を発令した。この段階で派遣される護衛艦には海上保安官も乗り組み、ソマリア沖海賊に共同して対処することとなった。

この海上警備行動発令と同時に海賊対処法案は閣議決定され、2009年6月19日に成立し、自衛隊の行動類型に海賊対処行動が加わることとなった。

これにより、海賊行為には海上保安庁が一義的に対応することが明示される一方、海賊行為に対処するため特別の必要がある場合には、自衛隊にも海賊対処させることが制度化された。さらに、海賊対処行動は、具体的事案に対して発令されるのではなく、当初から長期にわたる自衛隊の派遣を想定していることに特徴があり、これまでの警察機能を代行する自衛隊の活動類型とは一線を画している。また、海賊対処法6条は海賊行為の制止のための危害射撃を許容した内容となった。この結果として、海賊行為の犯人を司法手続きに乗せることなく船舶の航行の安全確保と海賊行為の抑止が可能となった。

他方、この海賊対処法は、海賊行為を定義づけ、公海上の外国船舶による外国船舶に対する行為を国内法上の犯罪と位置づけたと言う意味においても画期的であった。しかし、海賊対処行動発令下の自衛官には、対処を目的とした権限のみが与えられ処罰の前提となる犯罪捜査のための司法警察職員としての地位が付与されることはなかった。つまり、少なくとも犯罪捜査の段階では、海上保安庁と自衛隊との協働が必要ということもまた、明確化されたのである。

その一方このことによって、結果として、海賊の処罰までを志向した場合、自衛隊が海賊という犯罪への対応を単独で完遂することは不可能であることが再確認されたことにもなる。

---

(20) 読売新聞2008年12月25日夕刊, p.2.
(21) 朝日新聞2009年1月8日朝刊2頁。Christoffersen 2009, p.141.
(22) 麻生太郎首相答弁。第171回国会衆議院会議事録7号（2009年1月29日）, p.5-8.

おわりに

1 分業から補完関係へ

　国防と治安の維持は、行政における最重要課題の1つである。
　しかしながら、行政学研究においては、これらの行政分野の関係を対象とした研究はあまり進展してこなかった。
　そこで**本章**は警察組織と軍事的組織との関係の変化を明らかにするため、まずは、制度的に連携の可能性が高い海上保安庁と海上自衛隊の役割分担を示したうえで、両者の連携のありようについて分析するという構成をとった。
　治安維持は海上保安庁が担うことを基本とし、海上自衛隊は「必要に応じ」てこれにあたるという制度において、不審船事案における両者の連携はきわめてシンプルであった。速力の問題から、巡視船による追跡が不可能と分かった時点で海上警備行動の発令が決定され、巡視船に代わって護衛艦が不審船を追跡したのである。こうした海上警備行動発令中の海上保安庁と海上自衛隊との連携は、両機関によるリレーの構造である。すなわち、海上保安庁による対応が困難な事案に対して海上自衛隊が海上保安庁に代わってこれに対処し、例えば対象船舶の停船によって海上保安庁による対応が可能となった段階で海上警備行動は解除され、再び海上保安庁に引継がれるというフローとなっているのである。海上保安庁と海上自衛隊との役割分担は明確であった。
　これに対し、ソマリア沖海賊に対しては、海賊対処法が成立するまでの間、海上警備行動を発令することにより、海上自衛隊がソマリア沖海賊に対処する形態がとられた。
　これまで、海上警備行動の発令にあたっては、それが日本国内の人の生命、身体、財産にとって直接の脅威となるはずの不審船に対してすら、事前の閣議決定は避けられ、個別の事案に応じて海上警備行動発令の必要性が判断されてきた。しかし、ソマリア沖海賊問題に対しては、長期間継続させることを前提として海上警備行動を発令することとなり、これにあたっては海上保安官を護衛艦に乗船させ、司法警察職員としての業務に従事させることとなった。この連携は、上述のリレーの構造ではなく、両者が同時並行的に同一業務に従事す

る構造である。そして、この構造は、海賊対処法の成立以後、制度化されることとなった。
　このように、海上保安庁と海上自衛隊との連携の関係には、新たに補完関係が追加されたのである。
2　変化の意義
　本章では、これまで個別具体的な事案に応じて海上保安庁と海上自衛隊との連携が決定されてきたのに対し、海賊対処では両者の協働が常態的および相互補完的となったことを明らかにした。
　では、両者の関係が変化しつつあることに、どのような意味があるのであろうか。最後に、軍事的組織と警察組織との連携の困難さおよび連携に際して検討すべき点について行政組織間の関係性の観点から指摘し、本章の結びとしたい。
　第1に、海賊対処法によって、海上保安庁と海上自衛隊の関係は補完的かつ常態的なものとなっただけでなく、海上自衛隊の警察機能への関わり方を、従来以上に政治的選択にゆだねられるようになったということである。
　海賊対処行動以外の治安維持を目的とした自衛隊の行動類型のゴールは、程度問題はあるにせよ、事態の収束と警察組織への引き継ぎが可能な状況を作り出すという一点であった。しかし、海賊対処法の制定によって、海賊行為の制止のための武器使用が可能となり、海賊への対応について海賊の処罰を目指すのか、制止で満足するのかという選択の可能性が作り出された。この選択において、後者のみを期待して自衛隊に海賊対処行動を発令するのか、前者にも期待して発令し、常態的な海上保安庁と海上自衛隊との連携を維持するのかは、少なくとも政治的決断によるところとなろう。つまり、自衛隊による排除か、それとも司法警察職員たる海上保安官による犯罪捜査かを、政府が選択しなければならない。とくに後者を選ぶ場合、個別の事象への対処方針の決定がどのような基準によってなされるかが明確とならない限り、海上保安官や自衛官は海賊の逮捕、捜査および送検を目指すべきなのか、そうでないのかを現場で判断せざるをえないこととなる。そのような大幅な裁量と責任を現場に与えることが、適切か否か今後検討されるべき問題であろう。
　また、自衛隊による継続的な治安の維持活動が、慢性的な事象を対象とする

以上、それがいつ終了するのか、つまり、いつ、どの段階で「特別の必要」がなくなるのか、基準を定める必要も出てくるだろう。

　第2に、海上保安庁と海上自衛隊の相互補完的な関係の常態化は、警察組織と軍事的組織に関する組織形成に重要な影響を及ぼしうるということである。

　これまで、海上保安庁と海上自衛隊とが訓練以外で共同して治安の維持のために活動した例はごくわずかであった。しかし、ソマリア沖の海賊に対応するにあたっては、海上自衛隊の護衛艦に海上保安官が乗船している。このような状態が作り出されたのは、海賊処罰のためには司法警察権を有しない自衛官とこれを有する海上保安官との連携が不可欠だからである。この状況が意味するのは、装備を持たない海上保安庁と権限を持たない自衛隊との補完関係のルーチン化である。つまり、これまで個別具体的な事案対応にあたってのみ連携して対応してきた異なる組織の協働関係が、海賊対処に限定されたものとはいえ、ルーチンワークとなった。このことによって、遠藤2005がいうところの「グレイエリア」における両者の関係が変化する可能性がある。その変化のベクトルの向きが、警察組織と軍事的組織の組織文化や目的意識の相違の先鋭化なのか、それとも共同対応の円滑化なのかは、現時点では不明確である。いずれにせよ、現場での協働がなされているということは、公式非公式問わず両組織のチャンネルは増大しており、両者において役割分担や協働のあり方に対する考え方が変化していく可能性がある。

　また、世論においては、日常的な協働の結果、警察組織が警察機能のみを担い、軍事的組織は基本的に防衛機能のみを担うという観念が薄れる可能性がある。

　しかしながら、このことは、警察組織と軍事的組織との法的峻別論が無意味となりつつあるということを意味しない。両者の相違をどのように概念化するかによって、それぞれのありようと両者の協働関係に対する政治的決定が影響を受けうるからである。だからこそ、警察組織と軍事的組織との関係を検討することは重要なのである。また、中野2009が指摘するように、組織の行動や装備といった要素が目的に応じて決定づけられるとするならば、両者の目的がどのように位置づけられるかによって、組織形成に変化が生じる可能性がある。つまり、警察組織の側面からは、軍事的組織に対してどこまでを期待でき、ど

のような協働がなされるべきかが、また、軍事的組織の側面からは、国家の防衛という本来業務を担うべき貴重な防衛資源を治安の維持のためにどの程度までを割きうるのかが、それぞれのリソースを決定する要因となりうる。

　これらは、結局のところ治安維持および防衛制度のあり方という行政の根幹に関わる問題である。そして、これに一定の回答を出すためには、現状の両者の関係について大規模な調査分析が行われ、判断のための材料が提示される必要がある。

主要参考文献・資料

池田五律, 2006,「自衛隊の警察化」『法と民主主義』第 407 号, pp.27-31.
今村都南雄, 2006,『官庁セクショナリズム』(東京大学出版会).
宇佐美淳, 2010,「安全保障分野における防衛作用と警察作用の流動的作用に関する一試論——海賊対処法における武器使用基準及び国会関与の問題を中心に」『国際安全保障』第 38 巻第 1 号, pp.20-38.
遠藤哲也, 2005,「安全保障における軍事と警察の差異——『グレイエリア』研究のための試論」『国際安全保障』第 32 巻第 4 号, pp.93-114.
奥薗淳二・廣瀬肇, 2004,「海上警察機関による武器使用に関する分析」『海保大研究報告, 法文学系』第 49 巻第 2 号, pp.68-28.
海上治安研究会, 2004,『北朝鮮工作船がわかる本』(成山堂書店).
戒能通孝, 1968,「軍隊と警察」『法律時報』第 40 巻第 5 号, pp.22-26.
色摩力夫, 1999,「軍隊と警察の本質的差異」『防衛学研究』第 21 号, pp.32-45.
中野勝哉, 2009,「軍事機能、警察機能および危機管理の概念整理」『平成 20 年度海洋権益の確保にかかる国際紛争事例研究 (第 1 号)』, pp.110-120.
藤原帰一, 2005,「軍と警察——冷戦後世界秩序における国内治安と対外安全保障の収斂」『安全保障と国際犯罪』(東京大学出版会), pp.27-44.
武蔵勝宏, 2010,「陸上自衛隊とシビリアン・コントロール」『太成学院大学紀要』第 12 巻, pp.231-242.
村木一郎, 2001,「軍隊を治安維持に使用する諸外国の制度」『警察学論集』第 54 巻第 12 号, pp.1-18.
Christoffersen, Gaye., 2009, "Japan and the East Asian Maritime Security Order: Prospects for Trilateral and Multilateral Cooperation", *Asian Perspective,* vol.33(3), pp.107-149.
Hughes, Christopher., 2009, "Japan's Military Modernization: A Quiet Japan-China Arms Race and Global Power Projection", *Asia-Pacific Review,* vol. 16(1), pp. 84-99.

理解を深めるために
コラム⑪ 国際機関等による海賊対処

1. 海賊対処行動の特徴等

2006年以降、ソマリア沖海域において海賊による襲撃事案が急速に増加し、海上航行の安全に対する脅威が深刻化したことから、国際機関および多国籍海軍による共同の活動が継続的に展開されている。これらの活動は別個に実施されているが、関連を有する部分も少なくない。

海賊対処行動とは、海上交通の一般的安全に対する侵害の防止および鎮圧を目的として、個別国家の権限において実施が可能な海上法執行活動である。他方で、以下に紹介する国際機関等によるソマリア沖海域における海賊対処行動は、国際連合安保理事会(以下「国連安保理」とする)決議を根拠とする国際連合憲章(以下「憲章」とする)第7章下の行動として集団的に実施されている。そして、従前、国連安保理が憲章第7章下の行動をとる場合に採用されてきたあらゆる必要な手段または措置の実施が、海賊対処行動において要請されていることには注目すべきである。しかしながら、公海上における措置は、あくまで国連海洋法条約を中心とする海洋法規則の枠内に厳格にとどまっている。また、国連安保理決議1816(2008年)においてソマリア暫定政府(当時)の事前合意に基づきソマリア領海内における外国軍艦による船舶に対する武装強盗の制圧が容認されたが、かかる活動の実態および成果については公にはされていない。

2. 各活動の概要
(1) EU水上任務群 Operation Atalanta

2008年11月10日に欧州理事会は、EUによる海賊対処行動であるOperation Atalantaの開始を決定した。Operation AtalantaはEU軍事委員会の監督の下で計画および展開され、専従部隊としてEU水上任務群(EU Naval Force、以下「EUNAVFOR」とする)が組織された。EUNAVFORの職務範囲は、国連安保理決議1816(2008年)に依拠した船舶の防護、ソマリア沖海域のパトロールおよび海賊事案の発生阻止であり、また、主要任務は、国際連合世界食糧計画(WFP)関連船舶の護衛である。また、さらに、EUNAVFORは、後に言及する多国籍海軍部隊と協力して、アデン湾に設置されたIRTC(Internationally Recommended Transit Corridor)における区域防護にも任じている。

Operation Atalantaは、EUによる初の海上作戦として2008年12月8日に展開を開始した。Operation AtalantaにおけるEUNAVFORの責任海域は、紅海南部、アデン湾および西インド洋を含む地中海とほぼ同程度の海域であり、最初の2年間で延べ20隻以上の艦艇および航空機ならびに人員約1800人が投入された。なお、2014年11月12日、欧州理事会はOperation Atalantaを2016年12月まで延長することを決定した。

ちなみに、2009年1月2日に、EUNAVFOR配属下のデンマーク軍艦HMDS *Absalon* (L16)がアデン湾において商船M/V *Samanyulo* を襲撃した海賊実行犯5名を捕捉しバーレーンのミナサルマンに入港しようとしたところ、バーレーンが本艦が海賊実行犯を乗艦させたまま同国領海へ進入することを拒否する事案が発生した。結局、本件は、デンマークと犯罪人引渡協定を締結しているオランダとの間の外交交渉によりバーレーン領海外において海賊実行犯をオランダ当局に引き渡すことで解決を見たが、海賊取締りに対する諸国の態度の相異が顕在化した事例として興味深い。

(2) NATO常設水上任務群 Operation Allied Provider/Operation Allied Protector / Operation Ocean Shield

Operation Allied Providerは、国連事務総長からNATO事務総長への直接の調整により、2008年10月24日から12月13日までの間、第1NATO常設水上任務群

（Standing NATO Maritime Group 1、以下「SNMG 1」とする）により展開した。Operation Allied Providerの主要任務は、WFP関連船舶を含むソマリアへの物資輸送船舶の護衛とソマリア周辺海域のパトロールである。本活動は、前述のEUNAVFOR Operation Atalantaの展開により終了したが、その後、Operation Allied Providerの後継として、2009年3月24日から6月29日までの間、アフリカの角海域における海賊の抑圧と通航船舶の護衛を任務とするOperation Allied Protectorが、SNMG 1およびSNMG 2により展開した。

これらの先駆的な活動を経て現在も展開を継続しているのが、2009年8月17日に開始されたOperation Ocean Shieldである。Operation Ocean ShieldにおけるSNMGの任務は、Operation Allied Protectorから継続する事項のほか、域内諸国の海賊対処能力の向上（capacity building）である。

(3) 有志連合海上作戦部隊（CMF）第151合同任務群（CTF151）

有志連合海上作戦部隊（Combined Maritime Forces、以下「CMF」とする）は、米海軍第5艦隊が主導する多国籍海軍部隊である。CMFには、3個の合同任務群（Combined Task Force、以下「CTF」とする）が設置されている。CMFの構成は、主として海上警備活動の一環としてのテロ対策海上阻止活動に従事するCTF150、CMFの責任海域全域において海賊対処行動に専従するCTF151ならびにペルシャ湾およびホルムズ海峡での警戒監視にあたるCTF152である。なお、CMFの職務範囲は米海軍のそれとは異なるほか、共通した武器使用規則（Rules of Engagement、ROE）も有さない。さらに、CMFへの部隊提供および各オペレーションへの参加の有無は個々の部隊派出国に一任されている。

CTF151は、ソマリア沖における海賊対処行動の実施主体としては最大の規模および機動力を有する部隊である。また、海賊対処にかかわる多国間の調整のほとんどが、CMFが主催するSHADE会議（Shared Awareness and Deconfliction Meeting）を介してCTF151の主導により実施されている。なお、CTF151が設置される以前は、CMFによる海賊対処行動はCTF150が担当していた。CTF150は、責任海域内に海上哨戒エリアを2008年8月22日に設定し、パトロールを開始した。なおこの間には、海賊に対する武器使用を伴う事案も発生している（英国海軍HMS *Cumberland*〔F85〕による海賊船からの銃撃への応戦事案、海賊2名が死亡〔2008年11月〕）。

他方で、海賊対処行動はCTF150の職務範囲とはされておらず、テロ対策海上阻止活動への参加をCTF150への艦艇派遣に関するナショナル・マンデートとするドイツ等の一部有志連合国は、この点を問題視した。これら諸国は、CTF150がテロ対策海上阻止活動以外の活動に従事することは各国のナショナル・マンデートとの間に齟齬を生じせしめ、国内法上の理由からCTF150への艦艇の派遣が困難となると主張した。このため、CMFはCTF150を本来の任務に専従させるとともに、2009年1月1日に新たに海賊対処専従部隊たるCTF151を創設した。CTF151の職務範囲は、2008年に相次いで採択されたソマリア沖アデン湾海賊対処に関連する国連安保理決議（決議1814、1816、1838：いずれも2008年採択）であり、具体的な活動は、海賊行為の抑止、海賊行為に従事している嫌疑ある船舶への臨検および捜索ならびに海賊により拿捕された船舶の継続的な監視および情報収集等である。

ちなみに、2009年以降、海上自衛隊はアデン湾において海賊対処行動に従事している。また、2013年12月以降は、海自部隊はCTF151に参加し、さらに、2015年5月から7月にかけて海上自衛官（海将補）がCTF151の「指揮官」に就任した。

【参考文献】 吉田靖之, 2014,「ソマリア沖海賊対処活動と国際法」『海幹校戦略研究』第4巻2号, pp.26-58.

（吉田 靖之）

理解を深めるために
コラム⑫ 中国による海賊対処活動

1. 中国の海賊対処活動の概要
　2008年12月20日、中国はソマリア沖・アデン湾における海賊対処活動への参加を発表し、翌年1月6日より現地で活動を開始した。中国による海賊対処活動は中国人民解放軍海軍（以下「中国海軍」とする）によって実施されている。派遣されている部隊は、少将または上級大佐級の海軍将校を指揮官として、2隻の駆逐艦またはフリゲイト等の戦闘艦艇、1隻の補給艦および艦載ヘリコプター2機、特殊部隊要員を含む人員約800名によって編成されている。これまで概ね3か月ごとに交代しており、2015年12月初旬には第22次部隊が現地に向けて出港した。
　中国海軍派遣部隊の任務は、ソマリア沖・アデン湾を航行する中国関係船舶および中国国民の安全の確保、世界食糧計画などの国際機関の人道支援物資を輸送する船舶の護衛であり、2つの方法で任務を遂行している。一つは中国が指定したアデン湾の東西の地点間において船団を組んで航行する方法である。これは日本が実施する直接護衛と類似したものであり、中国では「定期編隊護航」と呼ばれている。2つ目はソマリア沖・アデン湾において中国が任意に設定したエリアを集中的にパトロールするものであり、有志連合海上作戦部隊（CMF）やNATO常設水上任務群、EU水上任務群などによる「ゾーンディフェンス」と類似した「分区護航」と呼ぶ方法である。

2. 中国の海賊対処活動の特徴・意義
　日中両国はほぼ同じ時期にソマリア沖・アデン湾における海賊対処活動を開始した。両国の活動はいずれも国連の主導の下に実施されている海賊対処活動の一翼を担うものだが、その方向性には相違点も見られる。
　日本は「海賊行為の処罰及び海賊行為への対処に関する法律」の成立により護衛対象船舶を日本関係船舶からすべての船舶に拡大したのに続き、CMF第151合同任務群（CTF151）の一員として「ゾーンディフェンス」への参加やCTF151司令官への就任など、部隊派遣当初の独自性の強い活動から国際協力の意味合いの強い活動を行うに至っている。
　中国もCMF主催SHADE会議（Shared Awareness and Deconfliction Meeting）に参加して、関係国・機関と活動の情報共有・調整等を行っている。また、各国海軍との間で海賊対処活動のみならず実弾射撃訓練など様々な共同訓練も重ねている。2011年には日中両国の派遣部隊指揮官による相互訪問も行われた。
　こうした交流を通じて、中国海軍が海軍コミュニティーの常識やマナーを理解し始めているのであるとすれば、それは国際社会として歓迎するところであろう。しかしながら、中国は一貫して一国独自の活動スタイルを崩していない。派遣当初はSHADE会議の議長職を要求するなど国際協力の場でのリーダーシップを得ようとしこともあったが、近年はそのような関心を示すこともなくなった。

3. 中国海軍の動向
　2009年、中国海軍60周年行事において、呉勝利海軍司令員は、「中国海軍は海軍近代化と軍事闘争準備のために、遠海機動能力と戦略的投射能力を海軍の軍事能力の構築に組み入れるとともに、海上捜索救難などの非戦争軍事行動の能力向上を海軍力建設に組み入れて科学的に計画し実施する」と発言した。
　中国海軍がソマリア沖・アデン湾における海賊対処活動への参加を通じて遠海での部隊運用能力の向上を企図すること自体は不思議なことではない。しかしながら、中国海軍が各国海軍や国際機関との協力を限定的なものにとどめ、国際的な指導力獲得に対する関心を低下させている要因が、海賊対処活動という国際協力とは異なる関心にあるとすれば、それは歓迎できるものではない。中国海軍がジブチに中国海軍専用の軍事港湾施設の建設を始めたとの報道もある。今後の中国海軍の動向に注目したい。
　　　　　　　　　　　　　（山本　勝也）

資料① 海賊行為関連条文（国連海洋法条約、海賊対処法、海上保安庁法、警職法）

1. 海洋法に関する国際連合条約（抄）（採択：1982年4月30日〔第三次国際連合海洋法会議〕、効力発生：1994年11月16日、日本国については1996年7月20日に効力発生）

第100条（海賊行為の抑止のための協力の義務）　すべての国は、最大限に可能な範囲で、公海その他いずれの国の管轄権にも服さない場所における海賊行為の抑止に協力する。

第101条（海賊行為の定義）　海賊行為とは、次の行為をいう。
(a)　私有の船舶又は航空機の乗組員又は旅客が私的目的のために行うすべての不法な暴力行為、抑留又は略奪行為であって次のものに対して行われるもの
(i)　公海における他の船舶若しくは航空機又はこれらの内にある人若しくは財産
(ii)　いずれの国の管轄権にも服さない場所にある船舶、航空機、人又は財産
(b)　いずれかの船舶又は航空機を海賊船舶又は海賊航空機とする事実を知って当該船舶又は航空機の運航に自発的に参加するすべての行為
(c)　(a)又は(b)に規定する行為を扇動し又は故意に助長するすべての行為

第102条（乗組員が反乱を起こした軍艦又は政府の船舶若しくは航空機による海賊行為）　前条に規定する海賊行為であって、乗組員が反乱を起こして支配している軍艦又は政府の船舶若しくは航空機が行うものは、私有の船舶又は航空機が行う行為とみなされる。

第103条（海賊船舶又は海賊航空機の定義）　船舶又は航空機であって、これを実効的に支配している者が第101条に規定するいずれかの行為を行うために使用することを意図しているものについては、海賊船舶又は海賊航空機とする。当該いずれかの行為を行うために使用された船舶又は航空機であって、当該行為につき有罪とされる者により引き続き支配されているものについても、同様とする。

第104条（海賊船舶又は海賊航空機の国籍の保持又は喪失）　船舶又は航空機は、海賊船舶又は海賊航空機となった場合にも、その国籍を保持することができる。国籍の保持又は喪失は、当該国籍を与えた国の法律によって決定される。

第105条（海賊船舶又は海賊航空機の拿捕）　いずれの国も、公海その他いずれの国の管轄権にも服さない場所において、海賊船舶、海賊航空機又は海賊行為によって奪取され、かつ、海賊の支配下にある船舶又は航空機を拿捕し及び当該船舶又は航空機内の人を逮捕し又は財産を押収することができる。拿捕を行った国の裁判所は、科すべき刑罰を決定することができるものとし、また、善意の第三者の権利を尊重することを条件として、当該船舶、航空機又は財産についてとるべき措置を決定することができる。

第106条（十分な根拠なしに拿捕が行われた場合の責任）　海賊行為の疑いに基づく船舶又は航空機の拿捕が十分な根拠なしに行われた場合には、拿捕を行った国は、その船舶又は航空機がその国籍を有する国に対し、その拿捕によって生じたいかなる損失又は損害についても責任を負う。

第107条（海賊行為を理由とする拿捕を行うことが認められる船舶及び航空機）　海賊行為を理由とする拿捕は、軍艦、軍用航空機その他政府の公務に使用されていることが明らかに表示されておりかつ識別されることのできる船舶又は航空機でそのための権限を与えられているものによってのみ行うことができる。

2. 海賊行為の処罰及び海賊行為への対処に関する法律（平成21年法律55号、最終改正：平成24年法律71号）

（目的）
第1条 この法律は、海に囲まれ、かつ、主要な資源の大部分を輸入に依存するなど外国貿易の重要度が高い我が国の経済社会及び国民生活にとって、海上輸送の用に供する船舶その他の海上を航行する船舶の航行の安全の確保が極めて重要であること、並びに海洋法に関する国際連合条約においてすべての国が最大限に可能な範囲で公海等における海賊行為の抑止に協力するとされていることにかんがみ、海賊行為の処罰について規定するとともに、我が国が海賊行為に適切かつ効果的に対処するために必要な事項を定め、もって海上における公共の安全と秩序の維持を図ることを目的とする。

（定義）
第2条 この法律において「海賊行為」とは、船舶（軍艦及び各国政府が所有し又は運航する船舶を除く。）に乗り組み又は乗船した者が、私的目的で、公海（海洋法に関する国際連合条約に規定する排他的経済水域を含む。）又は我が国の領海若しくは内水において行う次の各号のいずれかの行為をいう。
一 暴行若しくは脅迫を用い、又はその他の方法により人を抵抗不能の状態に陥れて、航行中の他の船舶を強取し、又はほしいままにその運航を支配する行為
二 暴行若しくは脅迫を用い、又はその他の方法により人を抵抗不能の状態に陥れて、航行中の他の船舶内にある財物を強取し、又は財産上不法の利益を得、若しくは他人にこれを得させる行為
三 第三者に対して財物の交付その他義務のない行為をすること又は権利を行わないことを要求するための人質にする目的で、航行中の他の船舶内にある者を略取する行為
四 強取され若しくはほしいままにその運航が支配された航行中の他の船舶内にある者又は航行中の他の船舶内において略取された者を人質にして、第三者に対し、財物の交付その他義務のない行為をすること又は権利を行わないことを要求する行為
五 前各号のいずれかに係る海賊行為をする目的で、航行中の他の船舶に侵入し、又はこれを損壊する行為
六 第一号から第四号までのいずれかに係る海賊行為をする目的で、船舶を航行させて、航行中の他の船舶に著しく接近し、若しくはつきまとい、又はその進行を妨げる行為
七 第一号から第四号までのいずれかに係る海賊行為をする目的で、凶器を準備して船舶を航行させる行為

（海賊行為に関する罪）
第3条 ① 前条第一号から第四号までのいずれかに係る海賊行為をした者は、無期又は五年以上の懲役に処する。
② 前項の罪（前条第四号に係る海賊行為に係るものを除く。）の未遂は、罰する。
③ 前条第五号又は第六号に係る海賊行為をした者は、五年以下の懲役に処する。
④ 前条第七号に係る海賊行為をした者は、三年以下の懲役に処する。ただし、第一項又は前項の罪の実行に着手する前に自首した者は、その刑を減軽し、又は免除する。
第4条 ① 前条第一項又は第二項の罪を犯した者が、人を負傷させたときは無期又は六年以上の懲役に処し、死亡させたときは死刑又は無期懲役に処する。
② 前項の罪の未遂は、罰する。

（海上保安庁による海賊行為への対処）
第5条 ① 海賊行為への対処は、この法律、海上保安庁法（昭和二十三年法律第二十八号）その他の法令の定めるところにより、海上保安庁がこれに必要な措置を実施するものとする。
② 前項の規定は、海上保安庁法第五条第十九号に規定する警察行政庁が関係法令の規

定により海賊行為への対処に必要な措置を実施する権限を妨げるものと解してはならない。

第6条　海上保安官又は海上保安官補は、海上保安庁法第二十条第一項において準用する警察官職務執行法（昭和二十三年法律第百三十六号）第七条の規定により武器を使用する場合のほか、現に行われている第三条第三項の罪に当たる海賊行為（第二条第六号に係るものに限る。）の制止に当たり、当該海賊行為を行っている者が、他の制止の措置に従わず、なお船舶を航行させて当該海賊行為を継続しようとする場合において、当該船舶の進行を停止させるために他に手段がないと信ずるに足りる相当な理由のあるときには、その事態に応じ合理的に必要と判断される限度において、武器を使用することができる。

（海賊対処行動）

第7条　①　防衛大臣は、海賊行為に対処するため特別の必要がある場合には、内閣総理大臣の承認を得て、自衛隊の部隊に海上において海賊行為に対処するため必要な行動をとることを命ずることができる。この場合においては、自衛隊法（昭和二十九年法律第百六十五号）第八十二条の規定は、適用しない。

②　防衛大臣は、前項の承認を受けようとするときは、関係行政機関の長と協議して、次に掲げる事項について定めた対処要項を作成し、内閣総理大臣に提出しなければならない。ただし、現に行われている海賊行為に対処するために急を要するときは、必要となる行動の概要を内閣総理大臣に通知すれば足りる。

一　前項の行動（以下「海賊対処行動」という。）の必要性
二　海賊対処行動を行う海上の区域
三　海賊対処行動を命ずる自衛隊の部隊の規模及び構成並びに装備並びに期間
四　その他海賊対処行動に関する重要事項

③　内閣総理大臣は、次の各号に掲げる場合には、当該各号に定める事項を、遅滞なく、国会に報告しなければならない。

一　第一項の承認をしたとき　その旨及び前項各号に掲げる事項
二　海賊対処行動が終了したとき　その結果

（海賊対処行動時の自衛隊の権限）

第8条　①　海上保安庁法第十六条、第十七条第一項及び第十八条の規定は、海賊対処行動を命ぜられた海上自衛隊の三等海曹以上の自衛官の職務の執行について準用する。

②　警察官職務執行法第七条の規定及び第六条の規定は、海賊対処行動を命ぜられた自衛隊の自衛官の職務の執行について準用する。この場合において、同条中「海上保安庁法第二十条第一項」とあるのは、「第八条第二項」と読み替えるものとする。

③　自衛隊法第八十九条第二項の規定は、前項において準用する警察官職務執行法第七条及び同項において準用する第六条の規定により自衛官が武器を使用する場合について準用する。

（我が国の法令の適用）

第9条　第五条から前条までに定めるところによる海賊行為への対処に関する日本国外における我が国の公務員の職務の執行及びこれを妨げる行為については、我が国の法令（罰則を含む。）を適用する。

（関係行政機関の協力）

第10条　関係行政機関の長は、第一条の目的を達成するため、海賊行為への対処に関し、海上保安庁長官及び防衛大臣に協力するものとする。

（国等の責務）

第11条　①　国は、海賊行為による被害の防止を図るために必要となる情報の収集、整理、分析及び提供に努めなければならない。

②　海上運送法（昭和二十四年法律第百八十七号）第二十三条の三第二項に規定する船舶運航事業者その他船舶の運航に関係する者は、海賊行為による被害の防止に自ら努めるとともに、海賊行為に係る情報を国に適切に提供するよう努めなければならない。

（国際約束の誠実な履行等）
第12条　この法律の施行に当たっては、我が国が締結した条約その他の国際約束の誠実な履行を妨げることがないよう留意するとともに、確立された国際法規を遵守しなければならない。

（政令への委任）
第13条　この法律に定めがあるもののほか、この法律の実施のための手続その他この法律の施行に関し必要な事項は、政令で定める。

3.　**海上保安庁法**（抄）（昭和23法律28号、最終改正：平成24年法律71号）

第1条　①　海上において、人命及び財産を保護し、並びに法律の違反を予防し、捜査し、及び鎮圧するため、国家行政組織法（昭和二十三年法律第百二十号）第三条第二項の規定に基づいて、国土交通大臣の管理する外局として海上保安庁を置く。
②　河川の口にある港と河川との境界は、港則法（昭和二十三年法律第百七十四号）第二条の規定に基づく政令で定めるところによる。

第2条　①　海上保安庁は、法令の海上における励行、海難救助、海洋汚染等の防止、海上における船舶の航行の秩序の維持、海上における犯罪の予防及び鎮圧、海上における犯人の捜査及び逮捕、海上における船舶交通に関する規制、水路、航路標識に関する事務その他海上の安全の確保に関する事務並びにこれらに附帯する事項に関する事務を行うことにより、海上の安全及び治安の確保を図ることを任務とする。
②　従来運輸大臣官房、運輸省海運総局の長官官房、海運局、船舶局及び船員局、海難審判所の理事官、灯台局、水路部並びにその他の行政機関の所掌に属する事務で前項の事務に該当するものは、海上保安庁の所掌に移るものとする。

第20条　①　海上保安官及び海上保安官補の武器の使用については、警察官職務執行法（昭和二十三年法律第百三十六号）第七条の規定を準用する。
②　前項において準用する警察官職務執行法第七条の規定により武器を使用する場合のほか、第十七条第一項の規定に基づき船舶の進行の停止を繰り返し命じても乗組員等がこれに応ぜずなお海上保安官又は海上保安官補の職務の執行に対して抵抗し、又は逃亡しようとする場合において、海上保安庁長官が当該船舶の外観、航海の態様、乗組員等の異常な挙動その他周囲の事情及びこれらに関連する情報から合理的に判断して次の各号のすべてに該当する事態であると認めたときは、海上保安官又は海上保安官補は、当該船舶の進行を停止させるために他に手段がないと信ずるに足りる相当な理由のあるときには、その事態に応じ合理的に必要と判断される限度において、武器を使用することができる。
一　当該船舶が、外国船舶（軍艦及び各国政府が所有し又は運航する船舶であつて非商業的目的のみに使用されるものを除く。）と思料される船舶であつて、かつ、海洋法に関する国際連合条約第十九条に定めるところによる無害通航でない航行を我が国の内水又は領海において現に行つていると認められること（当該航行に正当な理由がある場合を除く。）。
二　当該航行を放置すればこれが将来において繰り返し行われる蓋然性があると認められること。
三　当該航行が我が国の領域内において死刑又は無期若しくは長期三年以上の懲役若しくは禁錮に当たる凶悪な罪（以下「重大凶悪犯罪」という。）を犯すのに必要な準備のため行われているのではないかとの疑いを払拭することができないと認められること。
四　当該船舶の進行を停止させて立入検査をすることにより知り得べき情報に基づいて適確な措置を尽くすのでなければ将来における重大凶悪犯罪の発生を未然に防止することができないと認められること。

資料①（海賊行為関連条文）／資料②（グアナバラ号事件）　199

4. **警察官職務執行法**（抄）（昭和23年法律136号、最終改正：平成18年法律94号）

（武器の使用）
第7条　警察官は、犯人の逮捕若しくは逃走の防止、自己若しくは他人に対する防護又は公務執行に対する抵抗の抑止のため必要であると認める相当な理由のある場合においては、その事態に応じ合理的に必要と判断される限度において、武器を使用することができる。但し、刑法（明治四十年法律第四十五号）第三十六条（正当防衛）若しくは同法第三十七条（緊急避難）に該当する場合又は左の各号の一に該当する場合を除いては、人に危害を与えてはならない。
一　死刑又は無期若しくは長期三年以上の懲役若しくは禁こにあたる兇悪な罪を現に犯し、若しくは既に犯したと疑うに足りる充分な理由のある者がその者に対する警察官の職務の執行に対して抵抗し、若しくは逃亡しようとするとき又は第三者がその者を逃がそうとして警察官に抵抗するとき、これを防ぎ、又は逮捕するために他に手段がないと警察官において信ずるに足りる相当な理由のある場合。
二　逮捕状により逮捕する際又は勾引状若しくは勾留状を執行する際その本人がその者に対する警察官の職務の執行に対して抵抗し、若しくは逃亡しようとするとき又は第三者がその者を逃がそうとして警察官に抵抗するとき、これを防ぎ、又は逮捕するために他に手段がないと警察官において信ずるに足りる相当な理由のある場合。

資料②　グアナバラ号事件——事件と判決（東京地裁および東京高裁）の概要

1. 事件の概要

　2011年3月5日（日本時間、以下同様）、アラビア海の公海上で、バハマ国船籍・商船三井運航の原油タンカー「グアナバラ」（約5万7000トン）（以下「G号」とする）が自称ソマリ人の4名（甲、乙、丙、丁の4名）に乗り込まれ、海賊は自動小銃を発射するなどして同号を乗っ取ろうとした。G号は、2月17日にウクライナ国の南部のケルチ港で重油を積み、中華人民共和国の杭州湾に近い舟山港に向けて航行中だった。G号が発した救難信号を受けて、米国海軍の艦船バルクレイは現場海域に急行し、トルコ海軍の支援を受けてG号を救出するとともに、4名の身柄を拘束した。G号の乗組員24名は、フィリピン人18名、クロアチア人・モンテネグロ人・ルーマニア人各2名で、日本人は含まれておらず、全員操舵室に避難し、負傷者はいなかった。3月10日、海上保安庁は、甲ら4名について「海賊行為の処罰及び海賊行為への対処に関する法律」（以下「海賊対処法」とする）違反（同3条3項および2条5号）（海賊行為目的艦船侵入罪〔5年以下の懲役〕）で東京地方裁判所（以下「東京地裁」とする）より逮捕状の発付を受け、3月11日、米国海軍兵士に拘束された4名を引き取るために海上保安官をジブチ共和国に派遣し、海上保安官はアデン湾の公海上の海上自衛隊の護衛艦上で4名を逮捕した。その後、この4名は日本へ移送され、3月13日に日本に到着し、それぞれ海賊対処法違反（同3条2項、1項および2条1号）（海賊行為目的艦船侵入罪よりも罪が重い船舶強取・船舶運航支配の未遂罪〔無期又は5年以下の懲役〕）で起訴された。

　4名のうち、丁は未成年者の疑いがあったため東京家庭裁判所（以下「東京家裁」とする）に送致されたが、2011年4月26日に逆送が決定されたため、同年5月2日に東京地

検は丁を起訴した。また、丙については、未成年者の疑いがあったため、同年11月4日に東京地裁が公訴を棄却し、丙は東京家裁に送致されたが、その後逆送され、同年12月1日に再起訴された。東京地裁では3つに分離して審理が行われ、それぞれ2013年2月1日に甲乙両名に懲役10年の刑が、4月12日に丁に懲役11年の刑が、2月25日に丙に懲役5年以上9年以下の刑が言い渡された（いずれも判例集未登載）。

4名とも東京高等裁判所（以下「東京高裁」とする）に控訴したが、甲乙については2013年12月18日（高刑集66巻4号6頁）に、丁については2014年1月15日（判例集未登載）に、丙については2013年12月25日（判例集未登載）に、それぞれ棄却された。2014年6月16日、最高裁判所は甲の上告を棄却した（判例集未登載）。これらにより、4名について刑が確定した。

下記、甲乙についての東京地裁判決と東京高裁判決の概要を紹介する。

2．東京地裁判決（2013年2月1日）（判例集未登載）の概要

2-1．認定された犯罪事実

本件について、東京地裁が認定した本件の犯罪事実は、次の通りである。

被告人甲乙両名は、丙および分離前の相被告人丁と共謀のうえ、私的目的で、2011年3月5日午後10時12分頃、アラビア海の公海上で、自動小銃を発射しながら、航行中のバハマ国船籍のG号に小型ボートで接近し、乗り移ったうえ、そのレーダーマストや船長室ドアに向けて自動小銃を発射するなどの一連の行為により、船長ら乗組員24名を脅迫し、さらに、操舵室内に押し入って操縦ハンドルを操作した後、G号の操縦をさせようと前記乗組員らを探し回るなどし、前記乗組員らを抵抗不能の状態に陥れて、ほしいままにその運航を支配する海賊行為をしようとしたが、3月6日午後5時22分頃、アラビア海の公海上において、G号の救助に駆けつけた米国海軍兵士に制圧されたため、その目的を遂げなかった。

日本の海上保安官は、2011年3月11日に被告人らを逮捕した。被告人らが米国海軍に拘束されてから逮捕までには5日間を要しているが、この間に東京海上保安部は、アラビア海の公海上で行われた本件海賊行為の捜査をしたうえで東京地裁に逮捕状を請求し、逮捕状の発付を受け、さらに、被告人らを逮捕するためにアデン湾沖に向かっていた。海上保安官は、被告人らを逮捕するに当たって、逮捕状（写し）のほか、ソマリ語で「日本の法律に基づく海賊行為の容疑で逮捕する」旨の記載がある「逮捕手続き対話カード」や「あなたには、弁護人を頼む権利がある」旨の記載がある「弁解録取対話カード」を示したが、被告人らに識字能力がなかったため、3月12日、ソマリ語の通訳人を介し、口頭で被疑事実の要旨および弁護人選任権を告げた。被告人らは、航空機で日本に護送され、3月13日には東京地裁で裁判官の勾留質問を受け、3月14日にはそれぞれにつき弁護人が選任された。

2-2．判旨

裁判所は、被告人甲乙両名の海賊対処法違反（同3条2項、1項および2条1号）を認め、両名についていずれも懲役10年を言い渡した。

第1に、海賊対処法の憲法適合性について、本件では被告人らに対する刑事処罰規定としての海賊対処法2条および3条の適否が問題となるのであり、また、本件においては、「自衛隊が海賊対処行動を取ったことも、武器を使用したこともないのであるから、海賊対処行動に関する同法6条ないし8条の憲法適合性を論じる余地はな」いと判示した。

第2に、日本による刑事裁判管轄権の行使について、次のように判示した。

まず、国際法上の管轄権について、「海洋法に関する国際連合条約」（以下「国連海洋法条約」とする）100条は、「すべての国は、最大限に可能な範囲で、公海その他いずれの国の管轄権にも服さない場所における海賊行為の抑止に協力する」と規定する。「海賊行

為が公海上における船舶の航行の安全を侵害する重大な犯罪行為であることや、海賊行為をめぐる国際社会の対応等の歴史的な沿革を踏まえ、その規定の趣旨を勘案すると、海賊行為については、旗国主義の原則（公海において船舶は旗国の排他的管轄権に服するというもの）の例外として、いずれの国も管轄権を行使することができるという意味での普遍的管轄権が認められているものと解するのが相当であり、弁護人が指摘する国連海洋法条約105条の存在によっても、拿捕を行った国以外の国が刑事裁判管轄権を行使することは妨げられない」。

次に、国内法上の管轄権については、「海賊対処法は、公海等における一定の行為を海賊行為として処罰することを規定し（2条ないし4条）、国外での行為を取り込んだ形で犯罪類型を定めて」おり、このような規定の仕方は「海賊対処法には国外犯を処罰する旨の『特別の規定』（刑法8条ただし書）があるものと解され、さらに、前記のとおり海賊行為については普遍的管轄権が認められることを併せ考えると、海賊対処法は、公海上で海賊行為を犯したすべての者に適用されるという意味で、その国外犯を処罰する趣旨に出たものとみることができる」。したがって、海賊行為について国外犯処罰規定がないとはいえず、管轄を及ぼすべき具体的な行為が法文から明らかでないともいえない。

また、第3に、被告人らの防御権の確保については、「被告人らの引渡しと逮捕、その後の弁護人の選任までの一連の手続は、種々の制約がある中で可及的速やかになされたとみることができる上、その逮捕手続についても、海上保安官は、令状主義の精神に則り、被告人らに対して逮捕の理由と弁護人選任権を告知するよう努めたことがうかがわれる」ことから、「被告人らに対する逮捕手続等に公訴の提起を無効とするような違法があるとはいえない」。また、「その後の被告人らとの意思疎通が二重通訳になるなどしたからといって、そのことをもって本件公訴の提起が違法になるとは解されない」と判示した。

3. 東京高裁判決（2013年12月18日）（高刑集66巻4号6頁）の概要

上記東京地裁判決に対して、甲乙両名が、不法な公訴受理と量刑不当の主張を申し立てて控訴した。不法な公訴受理を主張する理由は以下の通りである。

第1に、本件においては海賊対処法6条ないし8条の憲法9条2項への適合性の判断を回避することはできないが、原判決はその判断を示していない。

第2に、次の理由から、本件についての裁判所の管轄権が認められない。まず、国際法上、国連海洋法条約105条が、海賊船舶等の「拿捕を行った国」（拿捕国）の裁判所が「科すべき刑罰を決定することができる」と規定しているところ、拿捕国ではない国が刑事裁判管轄権を行使することは許されない。また、国内法上、海賊対処法の処罰規定を適用することができる者は、日本の官憲が拿捕した者に限られる。

第3に、日本以外の管轄権を有する国のいずれにおいても、被告人の防御権は日本よりも手厚く保障されるはずであったにもかかわらず、日本で被告人を引き受けた結果、その防御権が侵害されることになったため、本件公訴提起は違法・無効であるか、管轄権が認められない。また「市民的及び政治的権利に関する国際規約」（以下「自由権規約」とする）6条1項が生命に対する権利を定めており、実施機関である規約人権委員会が「死刑が科されないという保証なしに死刑廃止国から死刑存置国へ犯罪者等の引渡しを行うこと」が同項に違反するとの見解（Judge v. Canada, no.829/1998, August 5, 2002）を示している。本件では、海賊行為に及んだ者の処罰について死刑の定めがない米国が、死刑を含む刑罰を規定する日本に対して、死刑が科されないという保証なしに被告人を引き渡したため、本件引渡しは同項に違反するものであり、このような違法な本件引受け行為に引き続く公訴提起は違法・無効である。

これらの主張に対して、東京高裁は次のように述べて控訴を棄却した。

第1に、海賊対処法の合憲性に関して判断の必要性は認められない。

第2に、刑事裁判管轄権の有無に関して、「海賊行為は古くから海上交通の一般的安全を侵害するものとして人類共通の敵と考えられ、普遍主義に基づいて、慣習国際法上もあらゆる国において管轄権を行使することができるとされており、実際、ソマリア海賊に関しても海賊被疑者を拿捕した国が第三国に引き渡し、第三国もこれを受け入れ、訴追、審理を行った例が多数見られる」。このような「慣習国際法上の実情及び国家実行」に加えて、国連海洋法条約100条が「海賊行為に関し、すべての国に対する協力義務を規定していることも併せ考慮すれば、国際法上、いずれの国も海賊行為について管轄権を行使することができる」。

同条約105条は「その規定振りが全体として権利方式である上」「同条が定めるすべての国が有する海賊行為に対する管轄権は、国連海洋法条約によって初めて創設されたものではなく、古くから慣習国際法により認められてきたものであって、所論の主張は、このような沿革や同条の趣旨に反するものである。そして、実質的に見ても、拿捕国が海賊被疑者の身柄を拘束し証拠も保持しており、同国にその管轄権を肯定するのが適正かつ迅速な裁判遂行、ひいては海賊被疑者の人権保障にも資することからすれば、同条はいずれの国も海賊行為に対して管轄権を行使することができることを前提とした上で、拿捕国は利害関係国その他第三国に対して優先的に管轄権を行使することができることを規定したものと解するのが相当である」。

原判決は「その判文に徴すれば同条約に関し上記と同旨の理解に立つものであると考えられ」るところ、被告人の主張は、それを正しく解さないものであり採用できない。また国内法に関する被告人の主張は「普遍的管轄権の理解及び同条約105条の解釈を異にするものであって、その前提において失当」である。

第3に、被告人の引受け行為の違法性ないし有効性に関して、本件被告人の防御権が実質的に侵害されたとは認められない。仮に「日本よりもその防御権保障が図られる国があったとしても」、それゆえに「公訴提起を違法・無効ならしめるものではなく、また管轄権を否定するものでもない」。

また、自由権規約は「日本の国内法に受容されたもの」であるが、生命への権利について定めた6条1項の文理に照らして、被告人の主張する解釈は導かれない。規約人権委員会の見解は「当事国に対してさえ法的拘束力は有しないとされているのであり」、個人通報制度を定める第1選択議定書を批准していない日本にとって「その規範性は一層限定的なものである」。同見解は「死刑存置国と死刑廃止国を別異に取り扱い、死刑廃止国にのみ、犯罪者等に死刑が科されることが合理的に予想される場合には死刑が科されないという保証なしに犯罪者等を引き渡してはならないとの義務を課したものと解されるから、死刑存置国である日本及び米国がかかる義務を負うことにはならない」。本件における被告人の引渡しは同規約に反するものではなく、それに引き続く本件公訴提起が違法・無効となる余地はない。

量刑に関して「原判決は、犯行が未遂に終わっている反面、行為の危険性・悪質性等からすると、本件は、取り得る有期懲役刑の刑期の範囲内で、上限付近にも下限付近にも位置付けられず、その中央付近に位置するものであるとして、本件の量刑上の位置付けを示している」。原判決が挙げる量刑事情に不当な点はなく、被告人らの各論旨はいずれも理由がない。

(鶴田順・石井由梨佳)

おわりに

　本書『海賊対処法の研究』は、平成20年（2008）年度から3年間にわたって海上保安大学校本科卒業生同窓会「若葉会」にご支援いただいて開催した「海上での普遍的管轄権の行使に関する研究会」で検討した成果などをもとに、大学等での国際海洋法や海上法執行に関する講義のテキストとして用いることを主たる目的として編集した本である。そのため、本書は、国内刑事法や国際法の観点から海賊行為への対処やその処罰について検討した成果を収録するとともに、よりひろく、日本における国際条約の実施、刑法の場所的適用範囲、国家管轄権の行使に関する諸原則、普遍主義と普遍的管轄権など、海上での法執行活動の基礎となる国内刑事法や国際法の基本的な概念や考え方についての最新の研究成果も収録している。2009年6月に「海賊行為の処罰及び海賊行為への対処に関する法律」（海賊対処法）が成立する前に研究会を始めたこともあり、研究会では、海賊行為への対処やその処罰に関する日本法のあり方、また具体的な事案におけるその執行のあり方に重きをおいて検討したが、研究会終了間際の2011年3月に「グアナバラ号事件」（巻末の**資料②**など参照）が発生したことから、本書はグアナバラ号事件における海賊対処法の解釈・適用・執行と海賊行為者の処罰を通じて明らかとなった諸点についてもできるだけ盛り込んだ。

　本書が、国際海洋法、海上法執行活動や海賊行為への対処やその処罰に関心を有する学生、研究者やこれらに関連する実務に携わる方々、そして、日本の、アジアの、世界の海の秩序を守る最前線の方々の支えになればと思う。

　本書は、企画段階から刊行まで、有信堂高文社の川野祐司様にご担当いただいた。刊行の大幅な遅れから長期にわたる作業をお願いすることになったが、常にていねいに作業を進めていただいた。また、本書の表紙には、日本画の新生加奈先生に瀬戸内のおだやかな海を描いていただいた。心より御礼を申し上げる。

　本書を、海上法執行の世界に編者を導いてくださった村上暦造先生に捧げる。

　2016年夏、六本木にて

編者　鶴田　順
j-tsuruta@grips.ac.jp

執筆者紹介（執筆順）　＊は編者

＊鶴田　順（つるた・じゅん）（海上保安大学校・政策研究大学院大学）
　　　　　　　　　　　　　　　　　序章、第4章、コラム①②④⑤⑩、資料②
　甲斐　克則（かい・かつのり）（早稲田大学）………………………………第1章
　北川　佳世子（きたがわ・かよこ）（早稲田大学）…………………………第2章
　日山　恵美（ひやま・えみ）（広島大学）……………………………………第3章
　佐々木　篤（ささき・あつし）（海上保安庁）………………………………第4章
　竹内　真理（たけうち・まり）（岡山大学）…………………………………第5章
　玉田　大（たまだ・だい）（神戸大学）………………………………………第6章
　石井　由梨佳（いしい・ゆりか）（防衛大学校）…………第7章、コラム③、資料②
　下山　憲二（しもやま・けんじ）（海上保安大学校）………………………第8章
　児矢野　マリ（こやの・まり）（北海道大学）………………………………コラム⑥
　石井　敦（いしい・あつし）（東北大学）……………………………………コラム⑥
　真田　康弘（さなだ・やすひろ）（早稲田大学）……………………………コラム⑥
　古谷　健太郎（ふるや・けんたろう）（海上保安大学校）……第9章、コラム⑦
　瀬田　真（せた・まこと）（横浜市立大学）…………………………………コラム⑧
　新谷　一朗（しんたに・かずあき）（海上保安大学校）……………………第10章
　松本　孝典（まつもと・たかのり）（海上保安庁）…………………………コラム⑨
　松吉　慎一郎（まつよし・しんいちろう）（海上保安庁）…………………コラム⑩
　奥薗　淳二（おくぞの・じゅんじ）（海上保安大学校）……………………第11章
　吉田　靖之（よしだ・やすゆき）（防衛省統合幕僚監部）…………………コラム⑪
　山本　勝也（やまもと・かつや）（海上自衛隊幹部学校）…………………コラム⑫

海賊対処法の研究

2016年6月7日　初　版　第1刷発行　　　　　　　　　　〔検印省略〕

編者 © 鶴田順／発行者　髙橋明義　　　　　　印刷・製本　中央精版印刷

東京都文京区本郷1-8-1　振替 00160-8-141750
〒113-0033　TEL (03)3813-4511
FAX (03)3813-4514
http://www.yushindo.co.jp/
ISBN 978-4-8420-4061-5

発　行　所
株式会社　有信堂高文社

Printed in Japan

海賊対処法の研究	鶴田順編	三〇〇〇円
国際海洋法〔第二版〕	林司宣・島田征夫・古賀衞著	二八〇〇円
海洋法の源流を探る	小田滋著	七〇〇〇円
船舶の国籍と便宜置籍	水上千之著	六〇〇〇円
日本と海洋法	水上千之著	三八〇〇円
島の領有と経済水域の境界画定	芹田健太郎著	五〇〇〇円
現代の海洋法――展開と現在	水上千之編	三〇〇〇円
海洋法	水上千之著	四〇〇〇円
排他的経済水域 現代海洋法の潮流 第一巻	栗林忠男・杉原高嶺編	六〇〇〇円
海洋法の歴史的展開 現代海洋法の潮流 第一巻	栗林忠男・杉原高嶺編	六五〇〇円
海洋法の主要事例とその影響 現代海洋法の潮流 第二巻	栗林忠男・杉原高嶺編	六五〇〇円
日本における海洋法の主要課題 現代海洋法の潮流 第三巻	栗林忠男・杉原高嶺編	八〇〇〇円
国際環境法における事前協議制度	児矢野マリ著	六六〇〇円
違法な命令の実行と国際刑事責任	佐藤宏美著	七〇〇〇円
軍縮条約・資料集〔第三版〕	藤田久一・浅田正彦編	四五〇〇円

★表示価格は本体価格（税別）

有信堂刊